修正力

戴勝益給年輕人的47個生存法則

戴勝益——口述
李采洪——採訪整理

PREFACE

做好小事，成就大事

徐重仁　全聯福利中心總裁

我總是認為，人生不只是追逐利益，而是要替社會帶來幸福。王品集團一向是幸福企業的代表，透過這本書，可以瞭解為何王品能成為幸福企業，而成為幸福企業的背後，曾經過什麼樣的失敗和修正。

人不管做什麼事，都不可能一開始就成功，失敗是必經的過程，戴勝益董事長在書中開宗明義地提到：創業者一開始的事業最好是失敗的，因為失敗才會回頭檢討自己。

我也遇過不少失敗，但一定會想辦法找出原因。過去統一超商虧損時，我終於瞭解，不是我有什麼要賣給消費者，而是要真正看懂消費者需要什麼，想辦法去滿足消費者的需要。如果只是一直埋頭苦幹，卻沒有思考為什麼失敗，也就不知道有哪些地方可以改變；所以，失敗是給我們機會修正。

對企業而言，修正力是執行力能不能持續的關鍵因素，很多事情即使成功了，也需要後面的持續修正，成功才能維持。

經營店面生意，尤其是餐廳，除了菜色口味，「整體服務」如服務態度、上菜速度、價格、環境衛生和氣氛等帶給顧客的滿意度，才是決勝關鍵。提升整體服務水準的兩大前提是：合理化而人性化的硬體規劃設計，以及流暢的服務流程。這不是靠砸大錢就做得到，必須從實際的作業流程中仔細找出問題，用心找對方法克服障礙，才可能做到。

因此我也常鼓勵年輕人不用一開始就想做大事，而是要想「如何把現在的事情做得更好」。從小的事情開始做，累積起來才能變成大事。

王品能成功發展出不同的餐飲品牌，並各有品牌定位和形象，最大的關鍵在於他們可以把小事做好，掌握細節。品牌經營的know-how，幾乎都是枝微末節的小事，也往往最容易被忽略，但王品透過不斷地調整，將小事執行到最好，讓消費者感受到用心，最終成就如今的大事業。

戴勝益董事長在書裡分享的這些經驗，非常難得且可貴，相信可以給時下年輕人很多啟發。我常建議年輕人養成學習求知的習慣，我自己常常讀書，從書本上得到知識後，我會去應用、小規模試做，再加以調整、修正，然後變成自己的經驗，如果讀者也能將這本書裡提到的經驗加以運用，一定也會有屬於自己的收穫。

PREFACE

一個幽默有趣的好老闆

蘇國垚　高餐藍帶廚藝中心總經理

從一九九三年臺灣金氏世界紀錄博物館成立起算，認識戴董事長近二十年，也曾跟著集團高階主管到澎湖馬公集訓而成為「王品之師」。戴董在各種場合和事件中的言行，經常可在報章雜誌的報導中看到，而且都相當有議題性。如今戴董將其創業過程、經營理念整理成冊，無私地與大家共享，真的很棒。

本書有趣的是，不光是談成功的例子，反而談更多的失敗經驗，以及他本人與高階主管因意見不合而產生的衝突。王品集團有今天的規模與成就，除了品牌定位上的準確、團隊的向心力、標準化的執行力，以及行銷的創新外，我個人認為還有一個非常重要的因素，就是集團的領導是一個寬宏大量、有遠見、願意分享、懂激勵、樂於授權、又能聽取不同聲音的幽默企業家。

從以前到現在，我常聽到同業或友人抱怨好的員工很難找、很難留，我都回答：好的老闆更難找。員工不夠理想可以加強訓練、可以換人，但不好的老闆卻很難影響或改變，最後員工只有忍氣吞聲為五斗米折腰，或拍拍屁股閃人一途。戴董著實是一個很不錯的老闆。

王品集團上下一條心，不斷研發各類多品牌，提供優質餐飲產品與服務給消費大眾，不僅影響了臺灣的餐飲市場，也在社會公益著墨不少。像是我自己每年都會參與的「王品盃托盤大賽」，向來是餐旅科大及高中職校的一大盛事，主辦單位王品集團提供非常高額的獎金，外加節目表演，全體同仁傾巢而出，熱情專業地參與賽事，做出最好的示範，每次都直接或間接影響著成千上萬的學生，這些都是一般非餐旅業民眾所不知道的善舉。

希望，這本書能讓有志於從事餐旅事業的年輕學子，找到自我激勵的成功例子與典範人物，餐飲同業也能有所借鏡參考；也期待廣大的讀者輕鬆閱讀，一同來感受戴董幽默有趣的人生觀。

自序

原來，「修正」的威力這麼驚人

戴勝益

認識我的人，很難想像小時候的我……那時客人到家裡來，我是躲在門後害羞又閉塞的小孩。也很難理解，長大後，為何要放棄優渥的環境，硬跳火坑創業去……但人生不就是這樣？在一連串的考驗下，不知不覺中，我們都在找出自我修正的態度和方法。

許多人堅持己見，害怕改變。而我是不斷從創業的旅程中學到「失敗，就是要快」；在管理帶人上體會到「嚴厲，變成可親」；在目標設定上認知「專注，才能成功」；在執行規劃中學到「品牌，要有個性」等。這一切在啟程出發時都不是如此，而結果卻發現，原來「修正」的威力是這麼驚人。

成立多年的「王品集團」，今年正向第二十二個年頭邁進，雖然有「非親條款」、「龜毛家族」、「王品憲法」、「五不政策」等許多條款，形塑出良好的企業文化，我們還是時時提醒自己，務必抓緊細節、不斷檢討，除了永續經營外，還要以提升餐飲業水準為目標。因此，為了走在最前端，我們持續修正！

我給年輕人的四十七個生存法則，重點無他，期許自己和大家共勉：唯有時時抱持著檢討與修正的態度，才能將自己的眼界放大！將自己的道路做長！

二〇一五年五月於臺北

目錄

CONTENTS

STAGE

失敗，
是祝福

壹

47/01

不要迷戀厚實的屋頂

如果迷戀厚實的屋頂，
就會失去浩瀚的繁星。

大學畢業後，我在家族的三勝製帽工作，日子過得很安逸，出門有司機接送。除了薪水，父親幫我辦了一張美國運通卡，每個月另給我四萬塊零用錢，還有專屬的造型設計師。

一個人如果薪水微薄，要自行創業，因為本來有的就不多，所以下決定很容易；但是我一出社會就擁有這麼多，要放下一切去創業，是很困難的抉擇。

然而，我在三勝時，已看到兄弟各自結婚後可能發生的問題。我們家三兄弟從小穿同一條褲子長大，睡在同一間臥房，感情緊密。各自成家後，雖然還是住在同一個屋簷下，難免會為各自的家庭著想，於是彼此就有了距離。我看過很多例子，兄弟小時候打成一片，接手事業後卻反目成仇，因而我必須在兄弟失和之前離開。

但是我遲遲無法放下優渥的環境，直到我看到洛夫的詩句：「如果你迷戀厚實的屋頂，就會失去浩瀚的繁星。」才終於下定決心，在四十歲前離開三勝。

二〇一三年洛夫回臺灣，他打電話給我，說自己因為「如果你迷戀厚實的屋頂，就會失去浩瀚的繁星」這句話變得很出名。我約他一起吃飯，談得很開心，我開玩笑對他說：「因為你這句話，讓我離開三勝，但這句話不要常講，不然會害很多家庭破碎。」

後來他送我一幅字畫，上面就寫「如果你迷戀厚實的屋頂，就會失去浩瀚的繁星。洛夫」。

洛夫應該沒有想到因為他的一句話，才有今日的王品集團。

47/02

一開始創業最好要失敗

就像國父革命到第十一次才成功，我相信國父到後來不會去算失敗的次數，而是想「一定要成功」！

我認為，創業者一開始的事業最好是失敗的，因為失敗才會回頭檢討自己。

我於一九九〇年第一次創業開ㄅㄧㄅㄧ樂園就成功，但也種下了失敗的種子。那時在第一年就進帳一億多元，太容易賺到錢會讓人狂妄，覺得成功很容易。

人在成功時很容易迷失，把事情都想得太簡單，「少年得志，語無倫次」，簡直不可一世，聽不進別人的勸告，花錢也毫不節制，覺得錢再賺就有了。

失敗很快就來了，ㄅㄧㄅㄧ樂園第二年就將第一年賺的錢賠進去了。當時我另創了阿拉丁樂園、呼啦樂園、嘟嘟樂園，卻是開一家賠一家。

一九九三年，我跨足餐飲業，陸續開設全國牛排館、王品牛排、外蒙古全羊餐廳、一品肉粽等，另外又創立臺灣金氏世界紀錄博物館，但除了王品牛排，其他都失敗。

之所以同時經營那麼多事業體，是因為沒有退路了。我借了太多錢，欠下上億元的債，只能靠做生意賺錢才還得起，如果靠上班慢慢還，可能連孫子輩都要背債，只好一再創業，希望有機會可以成功。

一般人創業很少超過三次，第一次創業是將手上的積蓄投進去，第二次創業是向親朋好友借錢，如果再失敗就走投無路了，所以多數人創業很少超過三次。但我是好勝的人，不輕易、也沒想過要放棄創業。創業失敗，我沒有怨天尤人，因為根本沒有時間煩惱，還不如趕緊想辦法解決問題。

此外，我喜歡人與人之間的相處，所以創業時想從事服務業，因為這方向符合自己的個性，也才能在創業的過程中一再堅持下去。

許多人因為無法承受失敗的打擊，創業失敗後，若是沒錢，便不敢再創業，往往只好找個工作養家活口，失去可以修正前一次創業錯誤的機會，無法從失敗中學習教訓。

我第一次創業失敗時，當然很難過，但接著幾次失敗後開始麻痺。對我而言，失敗六次和十次都差不多了，就像國父革命到第十一次才成功，我相信國父到後來不會去算失敗的次數，而是想「一定要成功」！因為只有成功才是唯一的解決之道，因此我告訴自己：「現在還不是終點，要堅持下去！」

創業的人多多少少都有草莽氣息，為了生存，什麼都願意做，如果創業者沒有草莽氣息，少了「打天下」的氣魄，太細心、太小心就不容易創造下一個舞臺。

失敗的時機點也很重要，早一點失敗，才有機會東山再起。如果當初我的事業經營得不高不低、不好不壞，一直拖下去，日子一久也就磨掉當初的雄心壯志。現在想起來，幸好我在創業之初很快就敗得一塌糊塗，馬上有機會記取教訓，重新再來過。

另外，當時我們家族的三勝製帽事業如日中天，無形中也讓我覺得如果創業不成功，在家裡就沒有地位，在家族裡也抬不起頭；所以我很感激我的兄弟，他們事業的成功，是激發我創業的動力。

47/03

失敗事業是我的老師

失敗時不放棄，是挑戰人性；
成功時依然保持自我，
同樣也是挑戰人性。

餐廳除了要有好吃的食物，也要提供愉悅的用餐氣氛，但我早期創立的外蒙古全羊餐廳將過多娛樂元素帶進用餐過程，卻是太過火了。那時，用餐空間是一間間的蒙古包，不但可以摸羊、騎駱駝，還可以看蒙古摔角冠軍表演。其實，當初如果只是單純的羊肉料理，一定可以順利經營下去。

我曾經去過日本一家忍者餐廳，一走進店裡就機關重重，服務生不只裝扮成忍者，還會耍一些魔術，令人嘖嘖稱奇！後來我知道這家餐廳在日本有十多年的歷史，全東京只有三家分店。這家餐廳的菜其實很好吃，我認為，如果將這些噱頭取消，專心供餐，應該不只如此，而是可以開到三十家分店。

第一次去這種餐廳的人大部分是基於新鮮感，去過了，第二次就不覺得那麼新鮮了，因此回客率不會高。臺灣之前也流行過馬桶、監獄等主題餐廳，都無法擴大經營，細究原因可能是噱頭太多，模糊了焦點，消費者去了第一次，嘗鮮後就不會想再去第二次。

唯有專注在餐點上，消費者才會一直上門光顧，臺灣很多小吃像肉圓、米苔目、切仔麵等，只賣單一種食物，卻可以賣幾十年。我建議有心從事餐飲業的人專心做餐點，若隨便加入其他元素，例如娛樂，對餐廳不會是加分，反而容易失焦。

一九九三年，臺灣正享受經濟起飛帶來的富裕，餐飲業興起「吃到飽」風潮，我也在那一年創立吃到飽的全國牛排餐廳。那時消費者對吃到飽覺得很新奇，因為居然只要花一點錢，就可以無限地吃。我當時想趕快賺到錢，覺得這種餐廳客人多、生意好，一定可以賺錢。

吃到飽其實是很不環保的，業者賭消費者吃不了那麼多，吃少就是賺；消費者賭自己一定可以吃回本，就拚命吃。消費者要吃多少很難預測，因此吃到飽餐廳難以預估每天要準備多少食材。為了不引起消費者抱怨，寧可多準備，於是每天都剩很多食材，全都要報廢，且不能讓同仁帶回家，因為這會造成弊端，例如同仁為了想帶炒牛肉回家，只要和廚房私下先講好，多炒一些，顧客吃不完的，他就可以打包。

因此，吃到飽的流行對餐飲業未必是好事，一來餐廳將當天剩下的食材全都丟掉，既浪費又不環保；二來對提升餐飲業的文化幫助不大，消費者為了吃夠本，顧不得形象與健康。正確的觀念應該是消費者要考量自身能力，吃多少就付多少錢。

我也開過四個遊樂園，最後都失敗收場，那時我檢討做不起來的原因可能是太本土化，所以一九九六年又開了金氏世界紀錄博物館，一來國際化，二來話題性十足，我覺得一定會賺錢，但開幕後證明我又錯了。

來臺灣觀光的遊客，大多數到風景名勝遊覽，幾乎不會到遊樂園玩，即使到遊樂園，也是玩一次就沒新鮮感了。根據觀光局的統計資料，二〇一四年來臺旅客數超過九百九十萬人次，其中陸客逼近四百萬人次，而陸客去的地方都是風景區、故宮、一〇一大樓、夜市、阿里山、日月潭，了不起再到花蓮太魯閣。

由此可見，遊樂園對外來遊客的吸引力並不高，現在回頭想想，當時我投入一億多元資金的金氏世界紀錄博物館，概念與遊樂園類似，無法吸引遊客一來再來，但當時我認知不清，甚至將公司命名為金氏世界集團。

二〇〇〇年，我決定收掉金氏世界紀錄博物館，專心經營王品牛排，但還是將其中幾個雕像放在公司，心中一直有著「我將再起」的心願。

隨著王品的事業蒸蒸日上，成為我所有的寄託，想要再重開遊樂園的想法也隨之消散。後來我將雕像全部封存在貨櫃，運到鄉下，久了也忘掉這回事，連公司的名稱也從金氏世界集團改為王品餐飲集團。也幸好王品成功了，假使那時又失敗，我還是有可能回頭再開遊樂園。

王品得到的掌聲愈多，我愈珍惜現在。年輕的時候是nothing to lose，現在是anything to lose，因為王品一倒，一萬七千名同仁都會受到牽連。失敗的時候能夠不放棄，是挑戰人性；成功的時候還能保持自我，同樣是在挑戰人性。

04

好人緣比儲蓄更重要

存人緣絕對比存錢重要，平時朋友需要幫忙，你就願意出力，這樣一定有好人緣。

創業失敗若要東山再起，必須有資金。我在創業期間，每天都有支票要軋，那時不管借到多少錢，都很快就花光，借到最後，只好去標會。當時我找了二十個好友，每個人每月出三萬，我當會頭，標下來就有六十萬。後來我又向其他標到會的朋友借錢，總共借了十會，共六百萬元。

這六百萬也撐不了多久，而我太太是很傳統的女性，「嫁雞隨雞、嫁狗隨狗」，後來只好託她回娘家借。我的岳母很疼女兒，私下拿了一塊九分地去抵押借了九百萬。按照傳統，土地是要分給兒子，而非女婿，因此岳母特別告訴我，等賺了錢以後，一定要把土地贖回。

然而九百萬也花完了，還動用到我岳母的私房錢六百萬，記得當時岳母將一本皺巴巴的存摺交給我老婆，因為怕我們還不起，還說：「這筆錢除了女兒，沒有人知道，可以不用還。」我很感謝岳母，那時每次我和老婆回娘家，岳母知道我們沒錢，都會偷偷將錢塞在車子裡，等我們回到家之後，才打電話告訴我們。

岳母願意借錢給我周轉是信任我，知道我創業困難。終於賺到錢後，我先將土地貸款還完，接著還給岳母六百萬，之後我每年帶著太太的兄弟全家出國，也轉讓股票給他們，九二一大地震後協助他們重建房子，一切都是為了回報岳母的恩德。直到現在，我身邊仍保有一張當初借我錢的名單，以提醒自己要是沒有這些人，就沒有今日的我。

我創業時已經三十九歲，在社會上有些歷練，所以容易借到錢；在三勝工作時期我沒有存款，也沒有銀行帳戶，都將錢花在與朋友的互動上。如果當初我有存款的習慣，一定會錙銖必較，能省則省。

我創業時，有六十六位好朋友拿出共一．六億元來投資我。如果你要創業，存人緣絕對比存錢重要，平時朋友需要幫忙，你就願意幫忙，一定有好人緣，有好人緣才有真正的朋友。

許多人在回應別人的請求時，常常將「我沒時間」、「這不關我的事」、「我不知道」掛在嘴上，我稱這種人是「三不」的人。

我喜歡廣結善緣，進家族的三勝製帽上班第一天，我就立志不當「三不」的人，要當「三要」的人。也就是，我只說「我晚點有空幫你」、「我請人幫你處理」、「我幫你查一下」。只要一天一個「不」變成「要」，一年下來就等於幫人三百六十五個忙，我在三勝待了十一年，等於累積了四千多個「要」。

會求你幫助的人，等於是將梯子搭到你面前，如果你拒絕了，就是將梯子拆掉，失去雙方建立關係的管道，這樣不是很可惜嗎？

幫人家忙的時候，也不要一副高高在上、施捨他人的姿態，或向對方強調你為了幫他的忙，有多辛苦、多費心力，而是要表現出自己不過順手幫個小忙。如果三不五時就向對方提起，要求回報，對方反而會覺得有壓力而產生反感。不求回報幫助他人，等到自己真正有困難而需要幫助時，這些人就會很樂意幫忙。

當初我創業時，有位當兵的同袍知道我缺錢，有財務危機，居然將自己唯一的房子拿去抵押，借我四百萬，為了這件事，他們夫妻還吵了一架。問他為什麼願意借我錢時，他告訴我：「當兵的時候，你不斷鼓勵我要自修英文，不要浪費時間，而我家裡有什麼事情，你也都很樂意幫忙。」所以當他看到我有困難時，就會心想：「對我這麼好的人，我無論如何都要報答！」

尤其是現在的年輕人，大學畢業剛開始上班，薪水可能才兩萬多，千萬不要為了存錢，而宅在家裡怕花錢、不與人交往。要想一想，如果一個月存五千元，一年六萬，十年不過存六十萬，這樣的本金也太少了，再存十年可能存超過百萬，但年紀也大了。所以，想要創業的人，如果一開始薪水不多，我會建議不要為了省錢宅在家裡，不如多參加朋友的邀約，拓展人際與交情，等到有一天要創業，需要朋友資助時，才會有交心的朋友願意來幫忙。

47/05

成功和失敗都要快

才華不限於聰明才智，
能夠成為打不死的蟑螂，
也是一種才華。

任何人遇到失敗時，都會產生心理障礙。如果我失敗之後沒有成功，就無法克服過去的心理障礙，害怕談到過去的失敗。

不久前，我與副董事長王國雄（於二〇一五年五月退休）、品牌總經理高端訓等中常會成員到美國談原燒的品牌授權，途中經過王品在美國開了五年、賠了一億元的牛排店porterhouse舊址。因為王品經營得有聲有色，所以我們在門口一起拍照，大聲喊：「耶！我們一定會再回來。」若是王品沒有做起來，我們一定不敢經過porterhouse。

如果當年王品沒有經營起來，我可能還是繼續做遊樂園，只要有一點利潤，就會經營下去。這好比一個人在大海中載浮載沉，為了讓自己有機會活下去，看到浮木就會抓緊，即便那根浮木腐爛了，只要沒有另一根更大的浮木漂過來，就會抓住原來的爛浮木不放。幸好，後來我找到王品這根更大的浮木。

當然這和自己的努力也有關係，如果你想盡辦法，比別人更積極去找其他浮木，成功機會一定會比別人高。許多經營者並沒有努力尋找下一個成功的機會，只是繼續手中僅有的事業，就這樣度過一生。

所以，成功要快，失敗也要快。早點成功，才會知道眼前的成功能不能持續，有些成功只是曇花一現。如果成功很快，可以快點度過狂妄自大、自我膨脹的時期；如果成功是慢慢的，這些狂妄也會慢慢地累積，說不定到老了都還是這麼狂妄。

失敗要快，才有精神與時間再次挑戰。面對失敗，有些人受到打擊就一蹶不振，有些人卻能用大而化之的態度面對。忍受挫折能力愈高的人，成功的機會就愈大，因為每一次的失敗都能讓他蹲得更低，以期許自己下一次可以跳得更高。

有人說：「成功不是靠才華，而是靠忍受挫折的能力。」我覺得，忍受挫折的能力就是一種才華，才華不限於聰明才智，能夠成為打不死的蟑螂，也是一種才華。

人往往都是失敗之後才會比較謙虛，成功之後比較不容易謙虛，所以要學習克服成功之後的自我膨脹。美國很多年輕的明星就是少年得志，但沒有辦法克服成功之後的自我膨脹，後來都傳出嗑藥、酗酒等負面新聞，葬送大好前途。

能夠在成功或失敗的過程中，知道自己要如何調適或克服，後面的路會走得更順利，不用到老了還在摸索。所以我認為克服成功的膨脹、重建失敗後的信心，兩者都要快，才不會終其一生陷入自我膨脹或沒有信心之中，這樣就沒有機會了。

47/06

走錯路，要快點轉彎

方向錯誤的失敗不必硬撐，
反而要快刀斬亂麻。

從西堤開始，王品的多品牌算是很成功，但是，並非每次都會成功，也有碰壁的時候。這時候就必須早點做出修正……

比方，我們曾在二〇〇八年推出新品牌「打椒道」，引進風行中國大陸的麻辣乾鍋，顧名思義就是沒有湯的麻辣火鍋，當時以為臺灣沒有這種料理，應該可以成功，可是開幕兩個月就因為營業額不如預期，忍痛結束營業。

也許有人覺得我應該再試一下，就像從前的王品也花了一些時間才做起來，但經驗告訴我這個品牌沒望。打椒道在大陸是非常火紅的排隊美食，它和麻辣鍋的不同在於一個有湯，另一個則是用麻辣醬料去翻炒的乾鍋。

本來以為在大陸可以造成風潮，在臺灣應該也會成功，結果是失敗的。我想是因為在宣傳上主打來自中國大陸，如果是來自美國、日本，就應該會成功。如果大陸是一個餐飲業指標性的國家，我們就可以利用這一點做宣傳、引進，但目前臺灣的市場還沒辦法接受從大陸來的餐飲品牌。

在評估事業是該繼續堅持或者快刀斬亂麻時，我會用客觀化的定位來幫助自己做判斷。舉例來說，設立石二鍋這個品牌之前，臺灣專營個人小火鍋的店鋪已經超過五千家了，既然個人小火鍋已經有人做，而且很多人在做，我們就絕對可以堅持繼續經營。

反觀打椒道，在臺灣的經驗是零，沒有客觀化的定位，只有我們自己主觀化的認知。打椒道會失敗並不是因為原料取得不易，我們可以取得各種材料，也可以調配出適合臺灣人的口味，但就算弄得和大陸一模一樣也沒有用，因為整個策略一開始就錯了。

乾鍋或是大火鍋的吃法在大陸很受歡迎，但臺灣人不喜歡用筷子在鍋子裡攪來攪去，而且偏好有湯的小火鍋，所以當時將打椒道收起來，我們並沒有太多留戀。從另一個角度看，兩個月後就趕緊結束營業，消費者不會記得，如果拖太久，一直賠錢經營，大家就會記得王品曾有一個失敗的品牌。

STAGE

專注，
才能成功

貳

47/07

懂得「少做」，很重要

有人問米開朗基羅如何能夠雕出大衛像，他回答道：「我只是拿掉不屬於他的部分。」

我剛開始創業時，一心只知道把創意用在投資上，結果變成一場災難……

有人問米開朗基羅如何能夠雕出大衛像，他回答道：「我只是拿掉不屬於他的部分。」所以要當一個好老闆，應該要知道什麼事情不該做，而不是一直想著該做什麼，因為資源有限且稀少，所以要減少複雜度。

當你知道該減少什麼，最後一直減到好像沒什麼可以再刪減的時候，就會很認真、把所有資源都集中放在這幾項。如果擴充太多項，資源分散，當然就做不好。像賈伯斯的iPhone其實很簡單，連說明書都沒有，在iPhone出現之前，手機的說明書都是厚厚一本，賈伯斯就是懂得「少做」的重要，讓大家慢慢感覺到這個產品的焦點在哪裡。一般的企業都是因為多做，像無頭蒼蠅般把資源給分散了，願意少做的不多。

剛創業時我也不懂得收斂，腦袋裡一堆點子，想到什麼就去做什麼，但後來漸漸發現，少做比多做更重要。多做的人在分散資源，少做的人是將資源集中起來加強某個部分。我的體會是，有成就的人知道少做的重要；一般人可能認為多做多一份希望，但是多一份希望，就會把資源分散掉。

當初我把遊樂園全部收掉時，本來想留下金氏世界紀錄的見證中心，畢竟拿到英國授權是相當難得的。經過仔細考慮之後，最後還是決定把這個也收起來，避免分心。即便這不是一個事業體，我們都堅持少做。

在賽馬場上，所有賽馬會被戴上眼罩，讓牠不要分心看兩旁，只專心地往前跑。我覺得很多企業老闆也該戴上眼罩，心無旁騖就不會分心，只做本業，其他什麼都不做，更易成功。

企業必須專注在一個核心，因為多角化很容易失敗。很多人說統一的多角化很成功，但現在統一集團董事長羅智先卻開始做資源集中、聚焦食品的動作，非食品全都不要做了，包括從前的萬泰銀行、統一製藥廠等，與食品本業沒有關係的，即使會賺錢也不做、即使營業額降低也堅持少做。像郭台銘的企業規模這麼大，也是專營模具代工的本業，聰明的人會讓資源集中，因為這樣真的比較容易成功。

當然也有少數多角化成功的案例，但畢竟還是非常少數，不能因為有人成功了，就覺得自己也可以做多角化。資源要集中才能夠有焦點，就像雷射的光束夠集中，只有一點點就可以讓紙燒起來，但若是分散，就會失去這樣的效果。

47/08

將全部心力投注於一個核心

順利時，每個人的經營方式都大同小異，但不順利時，脫穎而出的關鍵就在於你如何因應不順利。

我在三勝上班時，有一位朋友曾帶我到台塑大樓吃牛排。當時的牛排很少吃全熟，但台塑牛排就是全熟，奇特的是，裡面又很嫩，我一吃驚為天人，覺得這牛排真好吃，當時並沒有想到我會創業。

五年後我要創新事業時，一心想要開一間不同於市面上常見的牛排店，於是想起以前吃過的那塊牛排，覺得可以試試看。

要如何做出我吃過的那塊牛排？我用家庭式的烤箱，嘗試重現記憶中的台塑牛排，卻搞得室內全是煙，牛排的表面都烤焦了，裡面卻還是生的。後來從外面請了專業廚師來，一共試了兩百多塊牛排才滿意。或許是之前創業已經失敗很多次，在籌備王品開幕的時候，我還覺得可能會失敗。

因為沒開過西餐牛排店（過去開的全國牛排是吃到飽餐廳），不知道有營業用的咖啡機，店裡剛開始用的是我從家電行買的家用咖啡機，由於使用頻率太高，一個月就壞掉，再買一臺很快又壞掉，於是再買第三臺……王品就是這樣一路摸索走過來的，那時並不知道，我們做對了一件事──專注。

創立王品牛排之前，我是採多角化經營，例如遊樂園和餐飲結合，但核心價值各不相同，遊樂園的核心是好看、好玩，餐廳的核心是好吃。一家店裡同時有娛樂和餐飲，以我創業的經驗，失敗機率很高。

由於結合娛樂性質的蒙古烤肉和吃到飽餐廳陸續宣告失敗，這次王品只專注於做餐，所以菜單很簡單，只有一道主餐──牛排，之後才增加一道龍蝦，這兩道菜就可以撐起一家店。

一九九三年十一月十六日，王品第一間臺中文心店開幕的前一天，食材廠商臨時說不送菜，沒有食材怎麼賣餐？聽到同仁向我回報狀況時，趕緊請我太太於開幕當天一大早五點鐘去果菜批發市場買牛排和蔬菜，這才順利開張。

開幕第一天，中午都沒客人，下午我坐在窗戶旁的座位，望著外面熙熙攘攘的人群，心裡很納悶，為什麼他們都不上門？直到晚上七點，終於有一對夫妻推開門，成為王品的第一組客人，那時候我真的很想跪在他們面前，感謝他們的支持。

王品慶祝十五週年時，我們費盡心思終於找到這對夫婦，並邀請他們參加在全國大飯店舉辦的聯合月會。當天現場特別鋪上紅地毯，當他們踏上紅毯，站在地毯兩旁的王品同仁不停鼓掌，感謝他們。後來他們私底下對我說，開幕當天本來只是要進我們餐廳借廁所，但是看到服務如此周到，就不好意思走了。

這是王品開張的第一筆交易，當天晚上結算，共賣出七客牛排，營業額是四千四百六十六元。雖然開幕第一天業績不好，但我們除了固定到附近發傳單外，並沒有馬上改變菜色，因為這樣做會死得更快。

就像煮一壺開水，不需要一直掀鍋蓋看水有沒有滾，如果三十分鐘後水還沒滾，那就是火不夠大，再調整火力就好。再者，一直做不應該有的反應只會讓事情更糟糕。就像皮膚擦傷破皮，只要二、三天傷口就會結痂並自然脫落，如果結痂後忍不住用手摳它，反而會拖延癒合的時間。因此，只要在合理的時間內忍耐並等待，就一定有機會。以餐飲業為例，如果六個月後不見業績好轉，就差不多可以調整菜單或營業方針了。

二十年前，我遇到富邦集團總裁蔡萬才，他告訴我他教兒子們要懂得「忍耐與等待」，沒有什麼事可以一蹴可幾，也沒有什麼事會因為忍不住做出反應，效果就會變得更好。於是「忍耐與等待」成為我常勉勵同仁的一句話，也是公司的座右銘。

王品開幕第四天，客人已快速增加到五十位，比吃到飽的全國牛排營業額還高一倍，一年後到高雄開分店，從此穩定發展。

王品牛排一炮而紅後，許多人開始仿效，但我認為決戰點不在配方，而是在經營；經營的決戰點，在於面對問題的處理方式。順利時，每個人的經營方式都大同小異，但不順利時，脫穎而出的關鍵在於你如何因應不順利。像我們開店第一天就遇到廠商不肯提供食材的狀況，可能有人就因此延後開幕，但我選擇面對問題、解決問題。

47/09

不迷信藍海，要在紅海加倍努力

不要因為找不到藍海，就失去打拚的目標與夢想，而是要在紅海裡加倍努力。

這幾年「藍海策略」很知名，但我認為如今科技與資訊傳遞發達，餐飲業沒有所謂的藍海，而只有紅海。

藍海是指其他人沒有進入的產業領域，或是還未執行的策略，但現在每個人都可以從網路上獲得最新資訊，往往企業推出新產品的第二天，其他廠商就會模仿、跟進，讓「藍海只有第一天」，第二天其他廠商跟進後，就是紅海了。

以石二鍋為例，開幕第一天就有

同業來照相、攝影，開放式的廚房、菜盤的內容與擺飾早已被看光光。但是不管如何模仿，「一九八元」（現已調整為二百一十八元）的定價策略，是別人沒辦法仿效的，因為我們在物流、採購成本與價格的競爭力，是別人學不來的。

這十年間物價一直上漲，可是王品的食材成本幾乎沒有變動，為什麼呢？其一是我們採現金交易，只要全球期貨市場出現合適的貨源，王品就會直接用現金購買。現金交易可以降低採購成本，但一般廠商沒有那麼多現金，只能等快賣光再採買，所以食物成本不固定。

王品從創立開始就是現金交易，以前因為採購金額不多，議價能力沒有現在來得好，但我們還是一直堅持「現金交易」。另外，王品付錢給廠商不會扣尾數或趴數，我們統一在每月的二十五日匯款，另外也規定採購不得收受回扣，當廠商沒有回扣的壓力，自然願意維持長久的合作關係。

其次，我們的交易量大，像王品的牛肉進口量是全臺第二高，因此採購的議價能力就會高，也可以要求品質，一來廠商很願意和我們做生意，二來承受不起失去王品的訂單。與王品合作的廠商不僅有穩定的訂單，能夠供貨給王品，他們在業界的信用度也會提高，可以形成好良好的循環，吸引訂單。

除了現金交易，王品也是「無債經營」，這可以增加公司的穩定度與信用度，廠商也更樂意與王品合作。我剛創業時是負債，無法全部用現金經營，現在王品無債、現金兩項都做到，公司反而愈做愈大，證明這樣做是正確的事。

王品現在走平價路線，這完全是紅海市場，在紅海的競爭市場下，只有靠努力堅持，永不放棄，從錯誤中學習、修正，一點一滴深耕，累積優勢與成效。在經歷長久的紅海之後，「戲棚下站久就是你的」，每個部分都勝過一點點，整體加總起來就是贏過別人的關鍵點。

賣漢堡也是紅海，麥當勞賣漢堡很簡單、也沒有特殊的專利，但是他們能夠將每件事情都執行得很確實，微笑很確實、清潔很確實、服務很確實。確實就能勝出！

現在的年輕人不要因為找不到藍海，就失去奮鬥與打拚的目標，放棄創業的夢想，而是要在紅海裡加倍努力，別人做十小時，你就做二十小時；別人堅持三年，你就堅持六年。當你在紅海中勝過其他競爭者，最後脫穎而出，市場只剩下你時，紅海自然變藍海。

47/10

不買股票，不做轉投資

如果將賺錢放在首位，就不會專心做事業，要懂得堅持，才能更專心在顧客經營上。

王品現在有數十億現金，不做任何業外投資，僅將現金拆成每筆一千萬存在銀行收利息（因為每筆存一億元利息不高）。當然有很多人來問我要不要投資，同仁也會質疑其他公司都有轉投資，為何我們不發揮資金的最大效益，去買一些股票或債券？

早年，我在三勝工作時很愛買股票，但漸漸發現玩股票的人幾乎都賠錢，全世界最難做的就是股票，很難當本業。創立王品後，我規定同仁不能做股票，並立下五不原則：不做股票、不參與政治、不官商勾結、不做業外投資、不借貸。

王品的同仁如果要投資股票，買進與賣出的時間必須在一年以上，而不是投機炒短線。我認為，如果將賺錢放在首位，就不會專心做事業，一定要分清楚自己到底是要賺錢還是做事業，是要當投資者還是經營者。

我很清楚，若因為轉投資賺到錢，還真的就完了，因為同仁會認為：「我們做投資就好，不要賺服務業這種辛苦錢了！」於是，服務顧客時就會彎不下腰，十年後我們就變成投資公司了。所以如果有外面的人來找我投資，我都回絕。要懂得堅持，才能更專心在顧客經營上。

47/11

店面，用租的就好

服務業賺的是辛苦錢，若不專注本業、過於短視，會讓價值觀變混淆。

我不買店面，最早這是從美商3M學來的。十多年前，3M公司要來臺設廠，那時候剛好房地產起飛，來臺評估的人建議美國總公司趕快買地，以後一定會漲，可是總公司不理會，兩個月後才回覆說：「等漲完了再買地。」

這是為什麼呢？因為3M總公司認為，買地等增值雖然賺錢很快，卻會讓同仁覺得，賣產品賺的是辛苦錢，久而久之，價值觀會混淆。

王品的本業是餐飲，我們開很多

分店，但堅持不買店面，因為不能讓同仁的價值觀錯亂。買店面會讓人覺得賺房地產的錢比較快、而服務業一筆一、兩千塊賺太慢。王品集團在臺灣有三百家分店，如果每次展店都是直接買店面、買地，我們不就變成建設公司了？而且買地積壓的資金多，會限制王品展店的速度。此外，房地產往往隨著景氣高低起起落落，也不一定會賺錢。

之所以堅持店鋪都用租的，就是要把全部的心力放在服務客人，而不是投資房地產，就算店址的售價很便宜，我們也不會動念。

堅持不買店面，也要很有意志力，有些經營者會想，如果開餐廳不賺，至少買了店面，賣掉還是能賺到錢，多少可以弭平虧損，但是這樣的人就算再怎麼賺，也就一、兩家店面的錢。王品不能如此短視，所以我們不能賺房地產的錢。「天道酬勤」，只要專注在本業上，老天爺也會疼惜。

王品總部共有四層樓，其中只有第二十九層樓是用買的，其餘都是用租的。二十年來，王品旗下只有兩項房地產，二十年前買了王品牛排的第一和第二家店，隔了二十年才又買下總部所在大樓的第二十九樓。原本我們也不打算買，但王品股票上市後，在證管會的地址已登記了二十九樓，若因租約到期房東要收回，雖然可以搬到別的樓層，只是如果一再更動地址，投資人可能會以為王品有財務狀況，所以中常會就決議買下這裡，設為永遠的總部。

總部用租的好處是較有彈性，隨著規模擴張、總部的人員逐步增加時，辦公空間若不夠可以再租，這樣比自己蓋總部來得經濟實惠。因為自己蓋總部無法預期未來公司會有多大，若估得太保守，之後會不夠用，如果預估太樂觀，則可能蓋太多層，浪費了空間。

STAGE

用人，用感情

參

47/12

找人才，話家常

我找高階主管的條件主要有三個：不崇尚名牌、重視家庭關係、喜歡服務別人。

當初王品的店數從五十家擴展到一百家，是最難熬的時候，那時我開始出現無力感……五十家店有兩千多名同仁，靠我一人管理實在力有未逮，加上那時候公司的制度還不健全，也無法靠組織來帶動。於是我開始成立一個個部門，找專業經理人來管理。

那時除了既有的財務部、採購部、管理部、工程部、資訊部、人力資源部，又另外成立了稽核室、品牌部、企業關係部、訓練部等。當時同仁不是很多，因此主管職缺一半由公司內升，一半則為外聘；

現在我們的同仁人數較多，由公司內升的比例提高為三分之二，三分之一外聘。例如，二〇一四年七月我們成立食安部門，但因為公司內部同仁沒有這方面的專業人士，所以找了SGS（臺灣檢驗科技股份有限公司）的主管來負責。

徵才時，我們鎖定各界頂尖人才，既然是頂尖人才，就要讓他們覺得來王品上班前景看好。找高階主管時，通常要經過五次面談，過程大約要三個月，而到我這裡是最後一關了，有時距離第一次面談已有半年之久。拉長面試時間也是考驗對方耐性，如果是耐性不高的人，早就另謀高就，代表他並非真的很想來王品。

到我這一關面談時，我就不會再問一些技術性或專業知識，因為這是之前的面試官要確認的。我大都是透過話家常，瞭解面試者的生活和價值觀，也能夠知道對方是否符合公司的需求。

通常我會從穿著、車子、房子、嗜好、大學有沒有參加社團，一路聊到家庭狀況等。因為是東問西問，沒有脈絡可循，所以對方很難說謊或是畫大餅，一定要講真話，不然前後會兜不起來。

面試時，如果看到全身穿著名牌的人，表示他很重視物質享受，我會擔心與王品的企業文化不符，但反過來說，習慣全身名牌的人，通常也不會來王品。還有人住在高雄，卻可以單身赴任，而且假日也不回家，和家庭、小孩的關係很疏遠，這樣的人通常我也不會用。另外，在學期間有沒有參與社團也很重要，特別是參加服務性社團，表示他願意奉獻犧牲，如果有擔任社長的經驗更好，這代表他有企圖心與領導統御的能力。

雖然到我這一關，大致上已確定要用這個人，但如果是我認為不適合的，與我面談後對方大概也不敢來報到了。曾經有一個人應徵採購部主管，全身都穿名牌，面談時聊到他最近買了房子，我問他還要繳多少房貸，他回說不用繳房貸，直接付現，可是我算算他之前的薪水，應該不太可能不用貸款就買得起那個價位的房子，加上他又是做採購的，讓我對他有所存疑。也曾經有面試者回去後才想到自己的回答不太對，可能是少報房貸，或是透露出與另一半疏遠，最後就沒有來報到了。

如果對方決定加入王品，我會請他先和另一半到臺中總部來，看一看未來的部屬、認識一下中常會的成員。他不僅要自我介紹，連另一半也要和大家講講話。如果只是自己躍躍欲試，可是另一半不肯讓他來王品上班，就表示有問題，若是這樣，我們寧可算了，重新再找人。

47/13

讚美是最好的胡蘿蔔

我不會知道基層同仁的表現如何，但是可以多多稱讚，同仁感覺獲得公司的支持，做起事來也會有幹勁。

我從不吝於讚美同仁，基層人員不屬於我直接管轄，我不會知道他的表現如何，但是可以多多稱讚，說：「真棒啊！公司有你真好！」同仁就會感到獲得公司的支持，做起事來也會有幹勁。如果三不五時就給同仁下馬威，同仁心理會有壓力、害怕，覺得老闆只把他當成夥計，對於是否要繼續待在公司也會存疑。

在管理上，王品的準則是對高階主管尊重，對中階以下同仁強調「賞識教育」。公司規定不論職等都不能大小聲，曾經有一個主廚對下屬大吼：「快出菜啦！X！」被罵的人往上申報，隔週中常會就請這位主廚來總部。

我問這位主廚是口頭禪嗎？他很不好意思地說：「是啦！那時候比較心急。」我問他以後會不會再講，他連忙說：「不會了，不會了。」我知道這位主廚並非粗俗之人，因為王品股東大會曾經舉辦過對聯比賽，我出上聯，這位主廚對的下聯贏過六百多人拿到第一名。後來我們就根據之前類似個案，依公司規範做出懲處。

王品有〇八〇〇專線與顧客回函卡，提供顧客回饋意見。我每天都會去瀏覽前一天的內容。如果有顧客稱讚某家店、某位同仁，或有特殊事件時，我會親自寫信以郵寄的方式給該店長或該同仁。有人說傳真給他們不就好了，但我覺得同仁收到我的親筆信會感受到公司對他的重視，會很珍惜。如果為了圖方便採用傳真方式，同仁等於收到影本，正本卻留在我這裡，不是很奇怪嗎？

47/14

人人都是公司發言人

讓每一個人都有發言權，除了讓人有成就感，覺得「我也是老闆」，也讓公司的制度更為透明。

有一次，我在宜蘭一家飯店和總經理聊天，他提到正好有記者在採訪飯店主管，我說：「啊！你怎麼不趕快過去招呼？」他說：「我不能過去，因為公司規定只有發言人可以接受採訪。」

王品是上市公司，按規定要登記發言人，我們雖然設有正式的對外發言人，但王品的每一個人都有發言權，都可以接受記者採訪。

這有兩個好處，一是讓每個人都有成就感，覺得「我也是老闆」。不過這得要公司不虛偽、只有一筆帳才行，不然絕對會漏氣，很可能會出現這個人和那個人講的不一樣，或是今天說的和明天說的不一樣。

另一就是讓公司的制度更為透明，如果不透明，每個人講出來的數字就會不一樣，如果記者問到王品去年營業額多少，每個人的回答都不一樣，那還得了？所以沒有固定發言人的好處是，公司無法一手遮天。

美國「熊貓快餐」（Pandax Express）要將原燒引進美國，我們在中常會開會時，副董事長王國雄就說出這件事，但因為我們與熊貓快餐簽了保密協定，所以要求王品中常會的成員不要對外說，以免造成一些麻煩。

如果我們連中常會、聯合月會的店長、主廚等主管都要保密、不信任他們，以後他們就會把你當作外人，所以我們還是在會議中讓大家知道這個合作案，到後來，所有人都知道原燒要去美國，我也不知道是誰說出去的，但媒體都說是戴勝益講的，可能是寫我說的，比較有說服力吧，結果美國熊貓快餐果真來函抗議。

即使這樣，我仍然覺得，不告訴聯合月會的店長、主廚們就簽約，他們不會把我們當作真的家人，與其讓他們不信任，冒著被美國抗議的風險來換取彼此的信任是值得的。

王品各店辦記者會時，也都是各品牌自行負責，有一回我去某一間西堤巡店，看到外面有記者，裡面的同仁告訴我今天有捐血的記者會，問我要不要出席？我事先只知道有這件事，不知道就是當天，如果我出席，原本安排好的程序可能因我而被打亂，主管也會措手不及，所以我就偷偷從後門離開了。

47/15

願意接受激勵的人，給更多

刻意製造菁英，可產生標竿作用，讓非菁英的人會更努力往上爬。

王品在二〇一二年股票上市之後，店長、主廚的分紅雖然比未上市前有所減少，卻多了保障與穩定，因為我們調整得很好，離職率並沒有上升。

以前開新店是同仁按股份比例集資出錢，同仁更有誘因努力賺錢，但有一好無兩好，若是不賺錢的店，資金就無法回收。上市後由公司統一出資開店，個人毋須承擔資金無法回收的風險。

上市前，店長、主廚的分紅完全看各店的獲利，同仁會拚死拚活地做，期待拿到高額的分紅。以西提為例，按以前的分紅方式，會出現某家店的店長、主廚因為該店獲利很高，就領到很多分紅，某一家店卻是面臨關閉。

現在的分紅方式是品牌總獲利與各店的獲利，依規定的百分比分給店長、主廚，而分配的百分比每年會調整。以前店長、主廚只要顧好自己的店鋪就好，不必關心品牌獲利的高低，現在品牌獲利的高低與各店長、主廚息息相關。

此外，店長、主廚級以上的主管，每月自行提撥薪水三%信託，公司會提撥十倍的金額用來購買王品的股票給他們。例如一位月薪七萬元的主管，每月要提撥兩千一百元的薪水信託，公司則每個月提撥兩萬一千元來買王品的股票，等到離職時，這些股票會交給他，或是折合成當時信託存款金額給他。因此，長期平均下來，其實和未上市前店長、主廚領到的金額差不多。

這些調整使公司一年的人事成本多出一億多元，其中約八千萬是給主廚以上、中常會以下的幹部（約四百多人）股票信託。這八千萬如果分給每一位同仁，一萬七千人平均一年五千塊，一個月才五百多塊，激勵的效果不佳，因此決定配股給四百多名幹部。至於王品中常會的成員，本來就已是大股東，就不再繼續配股，以免被認為是自肥。

平均每個月多給店長和主廚兩萬元的股票，是刻意製造菁英，拉大和副店長、副主廚的收入差距，產生標竿作用。非菁英的人會更努力往上爬，以成為菁英；身為菁英的同仁會感受到公司的器重，公司對他們的要求也可以高一點。如果店長、主廚以上的同仁收入與外面差不多或是更低，可能公司一要求，他們就會離職，因此配股也可以降低同仁的離職率。

當然，也會有少數人一直都停留在基層，這代表激勵對他們沒有用。企業本來就無法照顧到每一個人，只能照顧那些願意接受激勵的人，比例上大約占九〇%。

此外，在二〇一四年政府調漲基本薪資前一年，我們就調高工讀生時薪，從一一三元調漲到一一八元；正職同仁分別調薪二到三%。經營企業，人事成本不能省，人事成本太低，就等於壓榨勞工。

我們基層正職同仁的流動率很低，離職率平均一個月三%多一點，也曾經一個月只有二%。算起來，王品的薪水並沒有比同業高很多，但把福利算進去，待遇就好很多，因為我們的人事成本占總營業額的四一%，其中薪水占二七%，另一四%就是同仁福利。例如我們的同仁一個月可以休九天假，較同業多一倍。而且升為正職之後，平均三到四年可以升為店長，店長的薪水加上分紅，年薪超過一百萬。

47/16

尊重，讓人願意多做事

尊重人才的老闆不會下太多指導棋，這樣主管才可以放心去進行想做的事，不必害怕因為摸不清楚老闆的意思而被罵。

企業要讓同仁願意留在公司，老闆如何與部屬搏感情很重要。我認為人只要覺得被尊重，就會心生榮譽與責任。

一般企業財務通常是不透明的，賺錢與否都是老闆說了算，員工的意見要不要採納也是老闆說了算，但王品對主管很尊重，財務完全透明，賺多少錢全體同仁都知道，決策亦是透過中常會一起做決定，並鼓勵同仁提意見，提出的意見也一定會被討論與處理。

老闆尊重人才最好的方法就是不

要下太多指導棋，這樣他們才有安全感與成就感，可以放心去進行自己想要做的事，不必害怕因為摸不清楚老闆的意思而被念或被罵。如果老闆每天念個不停，動不動就查東查西，人才當然待不住。

在王品只要是經理級以上的主管都不用打卡，我也不會去掌握他們的行蹤，我認為這些人在王品只要五年中能成功地推動一、兩件事，就很好了。

找人來負責一份工作，先不要設限他只能做什麼，而是看他的能力。我發現很多人在過去的工作上，可能是老闆、公司的制度或是文化因素，受到許多限制，只能發揮原有能力的十分之一；所以對於新進主管，會先用鼓舞的方式，請他盡情發揮，再評估公司有哪些部分可以借助這些能力，這樣他能做的，就遠比一開始公司要他負責的項目還要更多。

例如我們之前的訓練部副總張勝鄉原本專做教育訓練，到王品之後，不僅負責教育訓練，還做人資、企業文化與餐飲學校建教合作等，已經遠遠超過他原本做的事情了。只要是對公司有益的，我們就鼓勵同仁多方嘗試，不要潑冷水，否則同仁就只會做被公司指定的工作。只要公司獎勵多做事，同仁自然而然就會願意多做一點。張勝鄉常說：「董事長對我這麼好，做死也甘願。」這代表他因受尊重而願意多做事。

企業有時會給員工太多限制，讓員工沒辦法做事，但王品就是鼓勵大家多做事。像現在很多人感嘆人心冷漠，在路上發生車禍可能也沒有人理，如果是王品的同仁幫助了一個發生車禍的人，我們是會幫同仁記功的。二〇一四年高雄發生氣爆事件，我們有兩位同仁在第一時間組織救難隊，到現場提供人力、物力的資源，事後開會時，我們讓他們接受所有人的鼓掌讚美，讓同仁確實感受到公司是正面、積極地給予鼓勵。

如果同仁因為多做事而搶了別人的工作，或是自己的工作因別人多做事而被搶走，這就代表職務劃分不清楚。如果劃分清楚，多做事就會讓同仁在自己的份內做到完美。劃分不清楚也不算壞事，反而讓上司有機會能夠釐清職務分配。

此外，如果公司不鼓勵同仁多做事，大家就沒有熱情，態度漸趨保守；同仁也會怕多做事而遭到責難，不如就少做事，這豈不是太消極了？鼓勵同仁熱情奔放是公司很重要的DNA，也有助於改善企業的文化。

前一陣子，陶板屋舉辦「最佳服務獎」，由顧客選出旗下每間分店的最佳服務人員，頒獎當天我特地帶中常會的人去觀摩。典禮結束後，舒果的副總經理當場對我說：「這活動很好，我也要舉辦！」在無形之中鼓勵其他事業體跟進，就是多做事帶來的好處之一。如果抱著少做少錯的心態，就會影響同仁的投入程度。

鼓勵大家多做事的企業文化，才能將人才發揮到極點。縱使我之前失敗那麼多次，王品中常會的成員中，除了新品牌的負責人，其他人幾乎都是從一開始創業就和我共事，像總經理曹源彰最早是在ㄅㄧㄅㄧ樂園拉碰碰船的工作人員。二十多年來，王品中常會最早的七個成員，到現在也只有三個人離開。

雖然早期還沒有將尊重同仁制度化，但是我的領導風格是一樣的，只是做法細節的差異而已。王品上市後，他們也都有所成長，同仁數目也持續增加，可見同仁都能認同公司的風格。

47/17

愛同仁，當成家族一分子

不只是口頭上的關心，
而是實際付諸行動。

在王品，如果同仁出意外，或眷屬有急事需要幫忙，公司都會協助處理，我也會親自寫信表達我的關心。

當然我沒辦法所有事都親自寫信，而是有一個處理的標準，像同仁的父母親過世，我一定會寫信並且附上我的手機號碼，告訴同仁如果需要幫忙，可以直接打我的手機。我也常收到同仁傳簡訊道謝，說工作這麼多年，從來沒有一個公司的董事長願意親自慰問同仁，並給予協助。曾有一位第一天上班的工讀生，他的外婆前一天晚上過世，我知道後也直接寫信慰問。

王品有一萬七千名員工，每天都有同仁自己或家裡發生狀況，我會親自寫慰問信，平均一天十封，一年就寫了三千六百五十封信。因此，不只是口頭上說關心，而是實際付諸行動，將同仁視為王品家族的一分子，同仁自然會替這個家族著想。

同事們家裡發生需要幫忙的事，是由各店的行政會計每天透過電子祕書回報總部，如果行政會計不回報，公司可能就不知道，也無法幫助。原先行政會計被稽核到沒回報是會被懲處的，後來我取消了這項規定，因為知情不報造成內心覺得對不起同仁的煎熬，對該員已是最大的懲處。

在一般的企業裡，如果同仁或眷屬發生意外，公司的老闆都是依照當時的心情決定要不要慰問同仁，老闆高興就有、不高興就沒有，可是王品願意將照料同仁制度化，並徹底落實。當然，我們也是不斷改善，期望對同仁幫助更多。而在寫信後，我不會去詢問同仁是否覺得很窩心，因為這個舉動等於是將關心變成公事在處理。

王品設有同仁急難救助金，只要同仁有困難都可以申請，依個別狀況，金額從五萬到三十萬不等，解決不少同仁需要用錢的燃眉之急。設立同仁急難救助金的緣由，是十多年前有一位劉主廚因為腦瘤需要開刀，王品不僅支付手術費，也替他找尋照護中心，有些人會說我一定無法一直照顧下去，但我說：「一定可以，就算我死後，王品也會繼續照顧，因為這是一種承諾，不是在做秀。」

直到現在，公司每個月依然提撥三萬五千元的照護費給這位主廚，我自己也會到高雄看看他。幾年前這位主廚的母親過世，喪葬事宜是由王品處理，當我去參加告別式時，沒想到他的哥哥與嫂嫂竟然跑到我面前跪下，感謝我願意這麼照顧他們家。我只是做到照顧同仁的承諾，透過制度化的規定執行，即使我退休了，公司還是會繼續照顧。

錢只要用在對的方向，就很有用，因此我將個人資產八〇%捐出，成立「王品戴水基金會」幫助臺灣弱勢兒童。一直將一億、十億、百億的錢財集中在自己身上並沒有什麼意義，個人的食衣住行花費很有限，還不如用在照顧同仁身上，但也不會因此就縮衣節食，那樣就太矯情了。我曾說，如果以後我老了必須坐輪椅，除了需要護士輪班照顧，也要有足夠養老的能力，這樣就足夠了，多了也帶不走。

47/18

鼓勵主管去「冒險」

要鼓勵主管冒險前，要做到利害與共，先設身處地替對方想：「他這麼做有什麼好處？」對方才會投入百分之百的心力。

王品鼓勵主管開創新品牌，而且一旦決定由某人創立新品牌，他就要放下原本的工作，全心投入。

當一切都要重新開始，通常沒有人會心甘情願去做的。要鼓勵主管冒險前，要做到利害與共，也就是設身處地替對方想：「他這麼做有什麼好處？」對方才會投入百分之百的心力。

新鐵板料理hot 7創立之初就是透過鼓舞的方式，找原本西堤的副總經理鄭禮篠擔任新品牌的總經理，當時西堤的營業額已有上億元，鄭禮籐只要繼續待在西堤，每年的股票分紅都很高，他必須願意放下已經很穩當的西堤，同仁則從兩、三千人變成只有兩、三個人，等於是從零開始，這當中有很大的風險與不確定性。

為了讓主管願意出來創立新品牌 hot 7，我在中常會開會時，就趁機推舉他，其他人也邊拍手附和：「禮籐啊，這職位非你莫屬了！」講了幾次，禮籐也不好意思地接受了。通常王品成立新品牌，一般都是兩年後才會開始賺錢，但 hot 7 營運九個月就開始轉虧為盈，是王品集團裡最快賺錢的新品牌。

原本王品的財務長楊秀慧是位會計師，當初在我們的鼓勵下，卸下熟悉的財務工作去「冒險」，創立夏慕尼。夏慕尼開幕前，發生裝潢工程延宕及包商工頭捎跑工人薪水的事件，而且頭一年幾乎沒有獲利，秀慧好幾次都不想做了。後來她幾經思索，斷了再回去當財務長這個念頭。沒有退路，才可能拚命往前衝。

夏慕尼營業額高達十億元之後，我們又希望秀慧再去「冒險」，創立另一個新品牌。但是，如何讓她願意放下夏慕尼呢？必須賦予榮譽感：告訴她如果新品牌成功，她就是最大的功臣，而且，她永遠都是夏慕尼的老師。因為有夏慕尼成功的經驗，二〇一四年五月成立的中平價餐廳「ita義塔」，目標是成為全臺最大的義式連鎖餐廳。

公司雖然鼓勵冒險，但也願意讓開創新品牌的人無後顧之憂，除了展店同仁由其他品牌協助支援外，也會保障三年內的薪水與先前相同；如果失敗，自己的事業被收掉也不需要擔心，原來的人只會被調到另一個事業部，再繼續努力就好，直到成功為止。

石二鍋的前任主管陳靜玉，就是打椒道被收起來之後轉戰到石二鍋，後來也經營得很好。所以我們的主管如果負責的品牌沒賺錢、沒有未來，即使收起來，也能夠很坦然面對，因為大家都知道收起來之後，投入另一個新品牌仍然有機會再創高峰。

47/19

工讀生，可以讓公司變得更好

看到有人觸犯規定，工讀生都可以舉發，他們的正直會讓公司變得更好。

我們很喜歡用工讀生，他們還沒有被社會汙染，正直而熱情，可以讓公司變得更好。

王品在臺灣雇用的工讀生人數大約與正職相當，工讀生雖是計時人員，但也享有每個月的分紅，做滿一定時數，可以得到出國旅遊的補助款。這也是為什麼王品的薪資沒有比別人高，工讀生卻還是願意來。

很多大四畢業生都選擇繼續在王品當計時人員，因為他們要爭取升為正職，只要店裡的正職離開或者調去別家店，就有可能變成正職，得到更好的福利。

我們曾發生不少因工讀生檢舉，導致同仁被記過的事件，例如，公司規定地瓜只要冒芽就必須丟掉，但曾經有個主廚為了節省食物成本，假裝去散步，偷偷撿了幾塊被丟掉的地瓜，去掉芽之後又放回原本的地方，事後遭檢舉被記了一支小過。

主廚之所以這樣做，是為了求表現，降低公司食材成本，但我們不鼓勵這樣的行為，所以記了他的過，但在別的公司也許會覺得他省下成本，反而給予獎勵。

也曾經有店長為了降低店裡的人事成本，以提升在KPI（Key Performance Indicator，關鍵績效指標）評比中的表現，當工讀生下班打卡後，卻還要他們加班；另外也曾聽說有店長感覺現場客人不多，於是想辦法減少多餘的人力，因此趕緊告知已排班的工讀生說：「人夠了，可以不用來了。」但事實上，這位工讀生已經準備要出門來上班了。不論是食物成本或人事成本，也許這些店長、主廚對公司的用心是對的，但是行為上於法不容，所以我們會進行懲處，還必須到中常會接受大家的審問。

我們做了很多宣導和調整，就是要禁止這樣的事發生，但我們也不可能把KPI裡的食材或人事成本評比拿掉。雖然很多制度在施行上都有死角，我們仍會繼續努力，讓這種情況發生機率降到最低。

STAGE

品牌，
不能沒個性

肆

47/20

與其對立，不如雙贏

現在是家人，未來卻是競爭對手！這樣不是很奇怪嗎？與其培養敵人打對臺，不如讓公司和同仁雙贏。

王品成功後，我怕發生過去失敗的經驗，所以只想固守王品牛排，開分店就好，沒幾年，王品在臺灣的店數近乎飽和，事業發展開始停滯。

事業唯有持續擴張，同仁有舞臺，也才願意為公司效力，不然主廚永遠都是主廚、服務生永遠都是服務生，同仁會覺得沒有未來性。

餐飲業是一個進入門檻很低的行業，沒有工作經驗、工作不順、被資遣的人想創業，首選就是餐飲業，所以多數餐飲業培養出來的主管最後都會出走，而且都會做自己熟悉的東西，例如之前在牛肉麵店工作的同仁，未來出去後也會開牛肉麵店，現在是家人，未來卻是競爭對手！這樣不是很奇怪嗎？

我認為這樣一定不對，所以想出「醒獅團」計畫，創立多品牌，讓同仁有發揮的空間，而且更容易成功。同仁自行創業不見得會成功，因為除了做菜，領導、行銷、裝潢、公關等，都要耗費很多心力與時間，最後很可能自己沒成功，也對原來公司造成傷害。但透過多品牌，同仁只要專心為新品牌打天下，其他的行政管理都可由總公司處理。

與其培養一個敵人來與自己打對臺，還不如想出一種既可讓同仁獨立，公司也可以獲益的方法。所以，我重新思考能不能用王品的經驗，再複製下一個王品，直到二〇〇一年終於有了西堤牛排。因此，王品創立之前，我的經營是多核心（多角化）；王品創立之後，所發展出來的各個餐飲品牌，則是專注於單一核心的多品牌策略。從多核心到單一核心多品牌，我們摸索了十餘年。

做多品牌的同時，王品也開始嘗試國際化，到美國開牛排店，原本以為國際化很簡單，可以同時成功，卻慘遭滑鐵盧。

如果可以從頭來過，我一定會以多品牌優先於國際化，因為多品牌成功後，自然會有國外業者尋求合作，此時我們的選擇性也比較高。回想起來，當初在國內還沒打好基礎就要國際化，是我太過心急，一心想要在洛杉磯、東京與巴黎開店，在國際上嶄露頭角，卻不知道優先順序。其實要先提高國內的營業額與利潤，才能夠因應國際化的開銷。國際化失敗後，我也學到做事不能過於急躁，一步一步做好每一個環節，先自強，國外的合作自然會水到渠成。

47/21

中心思想，不能隨便動搖

品牌處的同仁為避免各品牌偏離其中心思想，得不斷提醒哪些事可以做，哪些事不能做。

二〇〇三年時，我們將原本的企畫部改成「品牌部」，在後來開始往國際發展後，又更名為「國際品牌處」。

成立品牌部門時，王品有十五家店、西堤三家店以及陶板屋一家店。那時的想法是，做品牌不只是行銷，而是從菜色、服務到氣氛等面對顧客的所有面向，都要依品牌定位做選擇，賣什麼餐點、店裡播放的音樂、服務生穿什麼制服，都要照著品牌定位走。

對於每個品牌，我們先有中心思

想，之後加以定位，然後針對定位去行動。以前的王品，是以產品的名字「王品牛排」做為品牌名，國內餐廳普遍採取這種做法，但如此很容易限制品牌的長相和發展。因此，我們改成只用「王品」做為品牌名，牛排只是王品其中的一個餐點。

國內很多餐廳的裝潢、氣氛，與品牌定位、名稱沒有系統性的連貫，我曾經看過一家蔬食餐廳的店面是白色的，但網站背景卻是黑的，代表這家餐廳的中心思想換來換去。

品牌部針對王品旗下每個品牌都各有一位品牌企畫，A品牌的企畫不能兼任B品牌的企畫，這是讓每一位品牌企畫可以專心發揮自己負責的品牌，不用擔心不同品牌想法會重複。

每年九月左右，中常會的成員在策略會議後，會決定隔年的「獅王」（意即新品牌的總經理）。二〇一五年的獅王是西堤副總經理黃佳慶，身為新獅王，他必須將西堤交棒出去，全心全意開發新的品牌。

每當要成立新品牌時，品牌部同仁一定是新品牌團隊中不可或缺的成員，品牌總經理會選定店長、主廚——他們代表營運單位，品牌部同仁則代表市場及消費者的聲音，大家一起討論品牌定位、名稱、價格、菜色、裝潢、氣氛等，營運單位和品牌部門的看法互相結合，才真正具有力量。

大家共同研究可以賣什麼的過程中，營運單位提出產品的想法，品牌部經過調查、大量搜尋網路資料和市場資訊，提供市場觀點，例如最近市場流行什麼口味、消費者的喜好是什麼。如果決定要賣火鍋，品牌部的人就會調查火鍋店的相關菜色、評價等。

營業單位研發新菜色，考量的是成本及操作的難易程度，例如食材是否容易買到，數量是否足夠；品牌部同仁思考的則是這個新菜色是否符合品牌的定位。我們通常用「三好一定位」來評估，指的是「好吃、好看、好質感」及符合品牌定位。

例如，陶板屋的產品定位是「和風創作料理」，陶板屋主廚曾經研發壽司，但品牌部卻認為壽司不能成為陶板屋的一道菜，一是便宜又沒有價值感，二是沒有創作概念，不是「和風創作料理」。雖然消費者很喜歡吃壽司，但就像Pizza Hut不適合賣蔥油餅，陶板屋也不適合賣壽司。再如二○一四年王品新成立的義式創意料理ita，品牌承諾是「歡樂總是出乎義料」，菜單裡就有鹹豬肉pizza這種創意料理。

新菜色研發出來後，我們會先找內部同仁來試菜，通常每次十個人，大約十個梯次。內部同仁試菜後給的意見，調整到我們覺得已有九十分的程度，再對外挑選目標消費者來試菜，通常北、中、南的消費者都要找，也是每次十人，分二到四個梯次，再針對消費者給的意見做最後調整。

讓品牌部加入新團隊，主要是為品牌定位，限制品牌隨意發揮，以符合該品牌的規範，並避免不同品牌的定位發生衝突。例如西堤的品牌個性是熱情的，以太陽花為代表，所以西堤的餐廳裝飾的花藝就用太陽花，曾經西堤廁所裡的裝飾插花出現海芋（海芋是原燒的代表），就被提醒這是不可以的。品牌部的同仁為避免各品牌偏離其中心思想，就得不斷提醒，哪些事可以做，哪些事不能做。

*本文感謝王品國際品牌處總經理高端訓接受採訪。

47/22

做事，要有成功方程式

除了品牌命名、菜色研發、裝潢設計、餐具挑選皆獨立作業，連背景音樂和制服都要有所不同。

繼王品牛排之後，二〇〇一年首次創立另一個新品牌西堤，也發展得很好，到二〇一四年底已有近五十家店，後來我們又發展了陶板屋、原燒、聚、藝奇、夏慕尼、石二鍋、舒果、hot 7、ita等品牌。

對於食材採購，考量到採購量大，議價能力就高，可以壓低食材成本，因此食材是由公司統議，僅少部分自購。至於後端的菜色料理，就由各品牌獨立研發、調理，各品牌餐點的設計一定要不一樣。

臺灣的餐飲企業做多品牌無法成功，主要是容易走入某些歧路，王品開始發展多品牌之後，我們慢慢摸索，大致可總結出以下七個要領：

餐飲多品牌的七大要領

一　一個總經理專心經營一個品牌

許多發展多品牌的企業都是由同一個老闆管理數個品牌，但王品發展出「醒獅團」的概念，獅王就是品牌的總經理，如果已當過獅王的人要再成立新品牌，就要放下原本的品牌，不能同時兼管兩個品牌。像二〇一四年的獅王是楊秀慧，她原本是夏慕尼的總經理，當要負責創立新品牌ita時，就要將夏慕尼交給別人管理，專心做ita。因為她做過夏慕尼，做新品牌自然較容易上手，但她不能同時管理兩個品牌。

一般企業的老闆因為要管很多品牌，往往干涉太多，連菜色、餐具擺設都管，而且常常會讓各品牌共用相同的東西，無法做出品牌差異化，而王品則是讓各品牌獨立且互不干涉的。

二　不設中央廚房

一般大型餐飲連鎖企業，通常由中央廚房統一將餐點煮好、裝袋，再統一配送到各店，工作人員只要將餐點加熱就可以送上桌，但如此一來，各店的餐點會完全一樣，各品牌的餐點也可能有一部分會是雷同的。

王品為了讓各品牌都能夠獨自製作新鮮、各具特色的餐點，現在臺灣的三百家店，每個品牌都是獨立作業，並沒有設置中央廚房，所有餐點都由各店親自料理。這樣除了可增進同仁廚藝，更可讓各品牌自行研發菜色，不讓消費者吃到相同的餐點。比方顧客若去西堤與陶板屋用餐，絕不會感覺到料理大同小異。因為顧客若沒有新鮮感，日後就不會想再嘗試。

三　一個設計師只負責一個品牌

一般企業很喜歡找同一個設計師，可能這位設計師和老闆很合，也很可能他瞭解企業的精神，但是如果一個企業的不同品牌都用同一位設計師，可能導致A品牌、B品牌和C品牌看起來都一樣。

王品集團堅持一個設計師只負責一個品牌，一旦這個設計師完成新品牌的設計，其他品牌就不會再找他負責，就是要避免設計出相同氛圍的餐廳調性，無法區隔出品牌特性。

消費者有時會有先入為主的觀念，覺得王品集團的餐廳應該都長得很像，例如消費者知道「聚」和「原燒」都是王品的，就會以為應該都差不多，就因為如此，各品牌更不能用同一個設計師來裝潢店鋪。

四　品牌名稱不以同一集團名稱為主軸

很多公司的品牌名稱都是冠上集團的名字，或是由老闆取有紀念價值的名字，因為老闆認為成立一個品牌好比生了一個小孩，一定要自己命名，這容易造成每個品牌的名字很接近。如果我當初是按這種思維，那就不會有王品牛排，而是益（戴勝益）卿（劉採卿，戴勝益的太太）牛排了。

王品旗下各品牌的命名都是由同仁提出並投票選出。例如要成立義大利料理的品牌時，我想出的名字是ipp：i是我的意思，後面兩個p則分別代表披薩（pizza）和義大利麵（pasta），是這個品牌主打的兩項餐點。可是後來大家票選時，我想的名字只得到二、三票，「ita」票數最高，最後就用這個名字來命名。在十五個品牌中，也只有一個是由我命名而受到全體同仁一致票選通過的名稱，就是「品田牧場」。我從不認為我是董事長，就一定要用我取的名字。

五　各品牌自行開發菜色，不設集團行政總主廚

一般大飯店內不同的餐廳都會有一個行政總主廚，他會到各餐廳巡視，當覺得有滿意的餐點或餐飾，可能會拿到別間餐廳使用，但這樣做，容易導致各餐廳的口味與設計日趨一致，消費者也容易混淆，各餐廳反而容易失去自己的特色。

集團不設立行政總主廚，而是由各品牌各自專屬的研發小組來主掌菜色。每年各品牌總經理會找旗下店家的主廚輪流當研發小組，負責研發菜色。用輪流的方式，主廚之間就會互相幫助，如果都是同一個人當，其他主廚會覺得沒有參與感。

六　品牌不同，整體形象和裝潢就不同

一般企業為了省成本，都是大量採購，讓旗下的品牌大多使用相同形式的餐具，店內的裝潢、菜色、服務，甚至音樂也相仿。

王品的品牌部會負責每一個品牌播放的背景音樂、菜色研發方向、品牌識別設計等；品牌小組會確認是否有其他品牌曾使用過，如果其他品牌用過，就不能沿用。曾有品牌為了和別人不一樣，特地從杜拜進口餐具，有的品牌會請廠商設計、開模製造專屬的餐具，都是為了讓品牌特色更為明顯和市場區隔。

七　依品牌特性發展不同的公益活動

一般企業老闆希望旗下的公司只做一種公益活動，認為團結力量才會大，宣傳效果也比較好，事實上卻是扼殺了各品牌的獨立性，因為消費者會認為都是同一個集團的活動。

王品旗下各品牌都會依照品牌的特性，發展自己專屬的公益活動，例如西堤是「熱血青年站出來」，鼓勵大家捐血；陶板屋是「知書達禮」，發起送書到偏鄉；王品牛排的「送玫瑰把愛傳出去」，希望大家多關懷身邊的親友；舒果則是「舒果千人行，健康萬步走」，每年選定一天，舉辦三千人的走萬步活動，倡導每天運動的風氣，所有品牌幾乎都有屬於自己的公益活動。

很多企業發展多品牌失敗，都是沒注意到以上這七大要領。坦白講，當初創立西堤時，尚未累積出這七個know-how，只是用王品的資源來開發。雖然我們創立西堤時，還不是很瞭解多品牌如何操作，西堤照樣很成功，但是繼續開發其他新品牌時，就不能沒有know-how了，這也是王品發展多品牌能夠成功的重要原因。

西堤成立時，我們只有王品和西堤兩個品牌，操作上是相對簡單的，即使沒照著這些know-how去做，也還是過得去；但是發展到第三、第四個品牌時，如何做好品牌定位和區隔，困難度就變高了。像現在王品有十五個品牌，而且還是跨菜系，難度又更高了。

為了確保各品牌的特殊性，不讓消費者混淆，我們設下很多規定。品牌定位確定之後，接下來產品、價格、服務、裝潢、氣氛等都要跟著品牌定位走，因此，王品賣牛排時很成功，賣火鍋和義大利麵也照樣行得通。

例如，原燒的產品定位是「優質原味燒肉」，品牌承諾是「原汁原味的好交情」，因為標榜簡單和原味，所以原燒的肉不醃製，並且用海芋代表原燒的純真精神，店面顏色只用綠色和白色，不會夾雜其他顏色。

如果不照著這七個know-how做，仍可以做品牌，但很難區隔出品牌的獨特性和市場性，因為如果不是有系統地建立品牌，就不容易建立流程，品牌經營也不易深化。

多品牌讓王品的企業版圖增加好幾倍，如果只有王品牛排，因為受限於市場規模，不論再怎麼努力，營業額最多也只有十幾億元，不會像現在集團營業額近一七〇億元。如果只做單一品項的餐點如滷肉飯、蚵仔煎、碗粿等，因為市場規模是一定的，如果不再開發第二個品牌跨足新的領域，一定會有局限。

現在有企業想學王品做多品牌，儘管真的創立出很多品牌，但可能第一個品牌的店數超過十家，之後的新品牌店數卻只有兩、三間，這樣經營多品牌不容易做出規模化。

我說的這些，其實要「知道」並不難，真正難的是能夠「做到」。或許很多企業主會覺得這些都是枝微末節，但王品人不僅會確實去執行，也懂得如何去做。

47/23

品牌不同，服務也不同

在「聚」的店裡，服務生對客人打招呼不是喊「歡迎光臨」，而是「歡迎來聚」。

各品牌的定位清楚之後，訓練部會根據品牌的定位，設計對應的服務方式，服務內容不會超出品牌要塑造的感覺。

像王品的品牌個性是尊貴的，服務流程就很體貼細緻；西堤的品牌個性是熱情的，就會用輕鬆的態度和顧客打招呼。賣義大利料理的ita是中平價餐廳，訴求年輕、歡樂、偏女性消費，所以與王品牛排的服務方式及內容也不一樣。

此外，聚北海道昆布鍋，品牌概念是「聚在一起的感覺真好」，所以在「聚」的店裡，服務生對客人打招呼不是喊「歡迎光臨」，而是「歡迎來聚」，客人離開時不是喊「謝謝光臨」，而是「歡迎再來聚」。

不同品牌的服務也不同，但都有SOP（Standard Operation Procedure，標準作業流程），因為照著SOP服務，有些顧客可能會覺得太過制式，甚至感覺受到打擾，然而有時同仁無法自行判斷這樣是打擾還是多禮，如果因為怕打擾而不去詢問客人，反而因噎廢食，最後可能會發生服務生不小心弄髒客人的衣物卻不以為意的事，所以寧可禮多人不怪，也不要不聞不問。

有消費者覺得王品的服務生介紹菜色像在念經，有口無心。但我要說，念經總比不念好，而且念經念久了，就會有表情與抑揚頓挫，所以一開始一定要先背，正職人員都是從「念經」開始，直到已經很熟悉了，才可以自行發揮。如果被說是念經，就讓同仁隨意自由發揮，可能會導致服務生對顧客說出：「妳頭髮好漂亮，好像鳥巢。」這樣不得體的話，到時候反而每天都會被投訴。

因為王品集團兩岸的店數已超過四百家，同仁也有一萬多名，服務一定要有SOP。這二十多年來，我們沒有因為「念經」而出問題，雖然有時顧客抱怨服務生在念經，但至少還覺得服務生願意念經，所以念經是成功之道，如果取消念經就完了，可能無法擴張店數。

47/24

當品牌老化，裡外再造需一致

品牌再造最大的困難在取捨，
客人想要的東西必須保留，
客人不想要的就要改變。

二〇〇三年王品牛排十週年時，產品、服務、用餐環境都開始老化，加上臺商外移中國大陸，業績逐下滑，於是我找高端訓（現任國際品牌處總經理）來做「品牌再造」。

高端訓重新定義王品在客人心目中，不只是高價位的餐廳，更是人生在重要時刻、款待重要貴賓的地方，打出標語「只款待心中最重要的人」，並推出消費者只要拿十朵玫瑰到王品，就可以免費用享用一份套餐的活動。他當時對我說，如果這個活動的負面效益多於正面效益，他就要辭職。

活動前一晚，各店已經開始出現排隊人潮，活動當天，四大報紙的頭版登出我們事先買下的廣告：「您送十朵玫瑰，我請千元盛宴。」廣告和排隊人潮引起媒體的關注，電視臺還出動SNG轉播車全程直播，當新聞播出消費者拿著玫瑰到王品用餐的畫面時，大家一致讚賞這個浪漫的活動。

在那之前，只要是十年以上的餐廳，都有老化的問題，但這個活動成功地活化（renew）王品牛排。後來根據調查，王品的顧客群年齡層還因此降低，表示成功吸引年輕族群前來消費。

外在的盛大廣告和活動，必須有內在強力的產品、服務、用餐環境等搭配，否則消費者來到店裡，發現裝潢和餐具是舊的、服務也沒有更好，一切都是白做。

當時我們不但在四個月內為王品所有餐廳改裝，還推出更有質感的菜色、更換全新的餐具，還召回所有服務生進行再訓練，以提升服務，為了確保服務、產品和用餐體驗等，必須先做好最充分的準備，務必要讓客人滿意才行，為此我們還曾三度延後行銷宣傳的時間。

不過，活化也不能太過，如果全部推翻，大家會以為原來的餐廳倒閉後換了間新餐廳，所以還是要保留一些核心價值。品牌再造最大的困難在於取捨，重點在於客人想要的東西必須保留，像王品引以為傲的牛排、服務等要保留，客人不想要的就要改變，例如全面更新裝潢與餐具，讓客人有煥然一新的感覺。

活動之前，高端訓還以為被我騙到一個業績直直落的公司，但歷經品牌再造後，年底結算完畢，當年業績成長二五%，並創下成立以來最高的獲利分紅。這次的活動效果可以如此成功，是因為組織的力量可以配合，如果行銷人員喊得很大聲，後面的人卻一動也不動，也是孤掌難鳴。

STAGE

修正，再修正

伍

47/25

一定要改變，從嚴厲急躁變和藹可親

如果我的個性沒有改變，
肯定不會有今日的王品。

我以前是既嚴厲又急躁的人。就在我創ㄅㄧㄅㄧ樂園時，脾氣還是不好，是很凶的人……

開了王品牛排之後，本來我只想好好做一家店，可以糊口就好了。當只有一、兩家店時，還可以「校長兼撞鐘」，也不用改變什麼，問題就出在老闆認為每件事都可以自己處理，就會認為下屬沒什麼用，對待他們也會很不客氣。

那時候我常常一開會就罵人，如果問的問題主管沒辦法立刻回答，我會生氣地將他趕出會議室。我太太對我說：「你每次開完會，一半的人都被你罵到要遞辭呈。」以前的我和電影《賽德克巴萊》裡的莫那魯道很像，很孤獨、總是一個人，而且不快樂。

隨著事業規模愈來愈大，到三十家店時，我發現要處理的事項愈來愈多，不可能事必躬親，必須依賴同仁的幫助。依賴愈深，身段也愈低，因此大約從十五年前開始，我的個性逐漸修正，學習尊重同仁。這些同仁為公司立下汗馬功勞，我卻為了一些小事對他們凶，實在太沒有風度，也無法讓人家服氣。

被我罵而提出辭呈的人，我事後會請他來，把辭呈揉掉、與他搏感情，因為如果是被我罵而想辭職，通常是一時衝動，當接收到我的歉意，就會繼續留下來。如果沒有任何狀況就提辭呈，這時事情就比較大條，表示他是經過一段時間的考慮，要離開的心意比較堅定。

以前的我開賓士名車，穿三宅一生、亞曼尼等名牌，拿LV包包，還有造型設計師每季帶我採購服飾，後來我發現，只有缺乏自信的人才需要靠這些名牌來壯大自己，信心來自於真正的作為和成就。現在我開的是一百五十萬元以下的車子，也規定公司同事不可以買超過一百五十萬元（原本規定只能買一百萬元以下）的車，穿的是平價品牌的衣服，揹著後背包當公事包。不穿名牌、不開名車之後，發現自己過得更自在。

現在回想起來，很感謝我有改變的造化。世界上有不同的人，有一種人是不知不覺，一輩子不知道要改變，所以跌倒之後，還是一直跌倒，這種人往往是一出生就衣食無缺、揮霍度日，所以就算跌倒再多次，還是不會修正。另一種人是後知後覺，上一次當、學一次乖，付出代價才知道要改變。也有人是先知先覺，很容易預先想到可能發生的問題，以及如何加以避免，這種人心思細密但做事大膽，不一定要經歷慘痛的經驗才會有所體認。

我很感恩，我在還沒有付出慘痛的代價時，就意識到自己這樣下去是不行的，於是慢慢修改自己的個性。我相信，現在的我已是一個可以被部屬接受的企業領導人。如果我的個性沒有改變，雖然不至於請不到人，但肯定不會有今日的王品。

47/26

細節，藏在想不到的地方

有時候繞了一大圈都得不到的答案，
居然只要調整一個細節，
就可以讓結果完全不一樣。

王品走到今天，是靠不斷修正來的。

石二鍋在臺灣很賺錢，可是在大陸的前兩年卻處於虧錢狀態，雖然王品當初到大陸也花了三年才轉虧為盈，但我們覺得，集團已經在大陸嘗試那麼多品牌，應該有足夠的經驗將大陸石二鍋經營得更成功，但初期結果不如我們預期。

可見兩岸消費者雖是同文同種，但是口味完全不同，我們摸索了很久，一直不懂大陸消費者的心，所以不斷遭遇挫折，仍找不出問題所在。

臺灣石二鍋只有一種醬料，不曾有消費者對醬料有所抱怨。但到上海後，客人來自中國各地，口味很多元，南甜北鹹東酸西辣，一種醬料無法滿足所有消費者，因此推出十種醬料。只是，醬料改了，業績還是沒起色，轉了一大圈後，終於發現石二鍋的菜色問題在「肉不夠多」。

近年來，臺灣人為了健康因素而普遍喜歡吃蔬菜，原本大陸石二鍋的設計和臺灣一樣，菜多肉少，但大陸人覺得菜沒有價值，肉多才划算。於是我們略做修正，在大陸推出「肉多多」和「菜多多」兩種菜單供客人挑選，「肉多多」的分量比原來多了一倍左右，效果非常好，有七成多的客人選「肉多多」，營收明顯成長了六成，各項指標和統計數據全都往上跳，照這樣下去應該很快就可以獲利。

有了大陸的嘗試和經驗，我們也調整臺灣的石二鍋產品，多了幾片肉、少了一些菜。因為肉的分量變多，大家會比較有感覺，菜或丸子少一些、多一些其實差別都不大。

可見很多事情都有訣竅，這也就是經營事業有趣的地方。有時候繞了一大圈，這麼多專業的人用各種方法嘗試都得不到的答案，居然只要調整一個細節，就可以讓結果完全不一樣。

最重要的是，當面臨挑戰時能否及時做出調整。我們常看到別人成功，以為是理所當然、很簡單，其實細節都藏在大家想像不到的地方，王品每一個品牌的成功，都是經過一次又一次修正得來的。我們和國外談授權，他們要付我們權利金，這權利金買的就是我們修正的「眉角」，錯誤的過程，只有經歷過、調整過的人才會知道。

連我們有這麼多經驗，遇到問題時都調整得這麼辛苦，沒有親自碰到問題的人若是要模仿，更是難上加難。

47/27

要成功，必須找到修正訣竅

煮一杯咖啡看似很容易，
但如何才能像星巴克那麼成功？

曼咖啡是王品集團從「餐」跨入「飲」的第一品牌，目前全臺不到十家店，平均每家店一個月的營業額大約接近一百萬元，比起一般咖啡店每個月三十萬的營業額算是很好的了，可是根據估算，曼咖啡每家分店的月營業額要一百五十萬元才有利潤，所以我們還在尋找修正的訣竅。

經營餐廳要讓客人吃飽最重要，但飲品店則注重氣氛、感覺、朋友間的互動，還有對品牌的榮譽感等。「餐」和「飲」的客戶群可說完全不同，消費心態和習慣也不一樣。餐廳的消費者是目的性消費，但曼咖啡這種飲品店，消費者多半是剛好路過才進去，這是兩種不同的經營方式。王品比較擅長經營餐廳，對經營飲品市場的Know-how，還在摸索之中。

星巴克屬於高階價位，飲品平均售價約一百二十元；八十五度C主打低階市場，平均六十元就可以買一杯咖啡；曼咖啡則是切入中階市場，價位約在八十元左右。我們找來亞洲咖啡冠軍與世界點心錦標賽得獎人負責咖啡和甜點，與星巴克相比不會遜色。當初我們信心滿滿，希望曼咖啡至少可以和星巴克一樣能夠開兩、三百間店，但目前的業績和展店數尚未達到我們的預期。

自創品牌只要有一個訣竅沒抓到就做不起來，煮一杯咖啡看似很容易，但如何像星巴克那樣成功，其中的訣竅卻是想學也學不來，中間存在的隔閡與問題很難想像與克服。連麥當勞仿效星巴克所推出的McCafé，也無法像星巴克一樣成功。星巴克真的很厲害，也沒有什麼祕方，製作方式全部公開，只是簡單的咖啡，就能夠發展成這麼龐大的國際性連鎖店。在餐廳的市場，王品沒有碰過像星巴克這麼大型的國際連鎖集團，而且大家已經習慣去星巴克喝咖啡，這與王品當初在餐廳市場面對的環境完全不同。

為了調整曼咖啡的經營策略，我們找來PAUL的總經理，希望借重他的經驗。曼咖啡原本只提供咖啡與甜點，後來經過多次討論，決定重新在店內規劃提供現做的簡餐，希望可以增加業績，我們還在嘗試尋找正確的產品定位。

我們也看過曼咖啡的問卷，但總覺得反映的內容不是重點，一個事業要成功不是那麼簡單，不是看著問卷做就好。石二鍋在大陸的調整也是如此，從問卷中看不出消費者的需求，後來是觀察大陸消費者的飲食習慣才得出「肉多多」的結論。

可見最難的是如何找到修正的訣竅。二十八年前7-11推出現煮咖啡時，也是賣不起來，十年前因為喝咖啡的風氣起來，重新推出City Café的品牌就很成功。有人認為曼咖啡的裝潢用色不對，應該要用與咖啡豆有關的顏色做為主色系，像星巴克或Cama Café的裝潢才是咖啡店應有的色調。而曼咖啡採用Tiffany藍，太像高級甜點店，名字與色系有落差，消費者會感覺錯亂與距離感。

此外，也有人認為曼咖啡的口味太淡，然而，如果調重一點，搞不好就不合大眾的口味，重點應該在氣氛與定位。二〇一五年我們重新設計裝潢了一間曼咖啡的旗艦店，這家旗艦店試著降低Tiffany藍的用色，並加入一些與咖啡豆有關的顏色。

旗艦店調整了店內的顏色、氣氛、產品，若能夠成功地創造利潤，那就表示調整成功，將來也會將現有的店鋪重新裝潢。如果我們的嘗試無法有起色，就表示我們尚未找到正確的修正點，還需要一番努力。

雖然我們都有問卷，但是做決定的老闆如果想改進的是A，可是問卷都說要改進B，除非消費者反映的內容與老闆想的一樣，當老闆的人很難拋棄自己的主見，百分之百尊崇顧客的意見。如果老闆心態不變，調整的方向也有限，因此，我認為我們在經營飲品的觀念尚需修正。

曼咖啡是我們從餐跨到飲的第一個嘗試，如果能夠成功，未來可以像星巴克、春水堂，攻占更大的市場，也有利於國際化。因此，我們對曼咖啡的期待很大。

47/28

集體決策，克服個人決策盲點

要能夠持之以恆地一再修正，是很困難的。

二十年前我還在開ㄅㄧㄅㄧ樂園時，有一回決定將員工旅遊從國內改到國外，當時股東才十個人，卻要一個一個打電話詢問意見，實在是太不方便了。雖然我可以像其他公司一樣，由董事長自己決定，但我希望大家都可以共同參與決策，所以決定要召開中常會，所有總監以上的高階主管（當時他們都是公司的大股東）都必須要到，一起討論公司的決策。

中常會一開始並沒有集體決策或不記名投票，後來討論的事情愈來愈繁雜，高階主管也愈來愈勇於表達意見，才逐漸發展出集體決策與不記名投票的制度。

每個人都有自己的意見，因此若要集體決策，最難的是形成共識，因此一般公司領導者不太喜歡這種制度，權力集中自己做決定比較快。然而我覺得大家一起做決定，可以凝聚共識、找出個人決策的盲點，而且王品的高階主管常常要店訪或是外出洽公，如果沒有開中常會，可能彼此一年見不到幾次面。

中常會每週固定開會，剛開始主要討論重點是如何建立制度，完善組織的力量，一直到現在仍不斷在修正。很多人都覺得王品的成功好像沒什麼，但我認為要像這樣能夠持之以恆一再地修正，是很困難的。

像我們規定店長和主廚每個月可以休九天，等於一個月上班二十一天，這二十一天裡，他們要有十五天在店鋪內，以利掌握店內狀況。可是店長、主廚每個月都固定要開會，還要參加公司很多許多活動，假常常就休不完，於是開始有人提出休假的問題。二〇一四年底，有一位主廚寫信給我，認為公司的休假規定有所缺失，因為距離年底只剩兩個月，他還有十天假，但同時有很多公司規定的事要完成，根本休不完，而公司規定未休完的假既不補假，也不能轉成獎金。

我回信對他說：如果我自行答覆你，那就是人治，也不能說「我私下貼錢給你」，這會破壞組織的制度，所以我會將這個問題排入中常會的議程，請大家討論是要修改規定，讓未休完的假可以折換成獎金，或是維持原規定，休不完的假就當部屬自行犧牲。

王品從五十家店擴展至一百家店時，依然有很多規定是我說了算，但現在王品已經有很成熟的組織力量，我希望任何事情都不要透過人治，而是透過組織討論決議。

至於規定未休完的假不能折換成獎金，是為了鼓勵同仁休假，如果可以折換的話，可能大家都不想休假，而是想來上班賺獎金，如此不僅對同仁沒有幫助，也不符合王品的企業文化。

透過中常會，可以匯集所有人的想法，破除一些迷思或是個人看不見的部分。像我一直認為舒果這個品牌可以到日本發展，如果沒有中常會的討論，我可能就會下這個決定。因為我們已經在新加坡開店，接下來原燒又要去美國，資源呈現分散的狀態，現在已沒有那麼多資源可以去日本。

中常會可以讓大家（尤其是我）不敢亂做決策，必須經過大家同意才能夠通過。通常一個公司最會亂做決策的就是在上位的那個人，所以董事長最會搞垮公司。在王品現行的制度下，只可能我在講話時得罪人，但不會在決策上對公司造成不良影響，因為我必須透過中常會的運作來決策，沒有權力想做什麼就做什麼。

即便是我自己捐錢要給同仁的「戴勝益急難救助金」，也必須請主管提報同仁所遭遇的事情後，中常會成員每個人寫一個金額，加總之後除以人數，才是可以發的救助金金額。

畢竟以後我會退休，如果沒有這個公平公開的程序，萬一幾個人串通好假裝某人很可憐，急需三十萬，我就真的要給出三十萬元嗎？有了中常會以後，必須要有陳述和投票表決的過程，這就不會有人敢亂講。所以我不用擔心，以後只要是中常會決議想幫助誰、要給多少錢，我都很放心。通常我做事都會想得遠一點，盡量不將現在的決策變成未來的煩惱。

中常會討論的議題大至公司營運，小至職務名稱。像我們曾討論過店長下面是副店長，可是主廚下面卻是二廚，職稱感覺很小，如果能改成副主廚，位階感覺就提升許多，後來就真的改成副主廚，也不會影響公司的營運，以副主廚的名義與廠商互動也比較正式。

關於同仁的懲處案，即使一個工讀生要被記警告，也必須讓那位工讀生親自到中常會來報告，在會議中不斷討論後才能做決定。如果對方不到中常會上陳述，也必須親筆寫下放棄到中常會陳述、並接受中常會任何處置的自白書。

為了不讓大家覺得開會很嚴肅，開會前，會議主持人都會改編一首歌曲，安排帶動唱，才開始一天的會議。如果每次開會前大家都急忙就坐，想到今日要處理的公事而如坐針氈，氣氛就會很沉悶，先唱首歌活絡一下氣氛，開會的效率與品質也會更高。

中常會中的表決採不記名投票，每人一票，我自己也是一票。雖然我有議案數五%的否決權，過去大概只否決一%、二%的議案，現在中常會運作已經很成熟，幾乎沒動用否決權了，直接讓中常會成員表決，結果是怎麼樣就怎麼做。因為我一動用否決權，就會推翻大家好不容易討論出來的結果，大家會覺得不受尊重，覺得自己沒有存在的價值。

換個角度想，中常會的成員都是公司的大股東，做出來的決議都是為公司好，不會想要把公司搞垮，公司受損對他們也是百害無一利。現在中常會的流程大都是同仁討論後，副董事長才會問我有沒有意見，如果我沒有意見就開始表決，只要有共識，也不是每件事都要表決，像我們討論國外的權利金分配，因為時空環境會變化，所以每年都要提出來討論一次。比方今年討論時，財務副總就提出：「照舊啊，去年不也是這樣。」因為大家都沒有意見，就不需要表決，直接通過。

開會時，大家都是有話直說，像是新成立的品牌ita要做義大利料理，舒果的最高主管就提出疑問，因為舒果的菜單內也有義大利麵，等於產品衝突，因此他非常擔心會造成舒果經營上的影響。

ita總經理解釋說：「兩個品牌的消費者不同，舒果的顧客偏中高年齡，ita主要吸引年輕人；其次，舒果是蔬食料理，ita則是義大利料理。」會議中兩個人你來我往兩個多小時，最後舒果的主管被說服了，因為義大利料理是一個很大的菜系，若是因為產品與舒果有衝突就放棄，那之後很多料理都不能做了。雖然討論過程中各有立場，但是經過中常會上充分溝通而做的決定，大家就會有共識。

有一次中常會討論原燒要結束在仁愛路上的店，改搬到京華城內，因原地點在地下一樓，常常會漏水，而且是在住宅區，雖然可以開餐廳，卻收到住戶不同的聲音和意見。不過大家普遍認為京華城的人潮少，所以在中常會上質疑聲不斷。

後來，原燒的副總大力保證可以做到預期營業額的目標，並表示京華城提供給原燒的條件也很好，有助於品牌的經營獲利。

結果，依照目前中常會的權責辦法，獅王可以決定要在哪邊開店，只要獲得副董事長的同意即可，因此無需取得中常會的同意。所以，後來副董事長同意遷店，但書是，若沒有達到預定業績，會扣主管的績效成績。

47/29

芝麻小事，也要有共識

透過討論，建立「什麼事可以做，什麼事不能做」的共識，大家的一致性才會高。

如果新聞整天都在播報國家大事，表示這個國家有問題，就像北韓；如果新聞都在討論一些細節，表示這個國家是成熟的，如瑞士。

現在王品的中常會大都在討論小事和細節，像是同仁懲處案、是否開放團購等。這代表王品現在很成熟了，大家對大原則都已經有共識。

有時候中常會無法立即做出結論，但可以提醒大家確實有問題存在。二〇一四年下半年，世界最大的團購網先引入王品旗下七間品牌的禮券，後來臺灣最大的團購網也引進王品的九個品牌團購券。我們固定以九五折售出這些禮券，可是這些團購網以九四折售出，等於賣一張賠五塊，應是藉由賣王品的禮券來引進流量。

因此有主管在中常會提出，萬一這些團購網收了消費者的錢，但最後不出貨或是有購買上的爭議，必然會影響到集團的形象。

大家對這件事的看法不同，有人表示，王品無法規範購買者的身分與這些禮券的用途；有人覺得，還未發生糾紛的事就先不用擔心；也有人認為，因為這些禮券，平日也會湧入大量的消費人潮。由於大家沒有討論出共識，所以決議先觀察一陣子再看看。

我們原本規定同仁在企業內不可以發起團購，因為我們是做餐飲的，如果團購的商品與王品購買的食材相同，會有瓜田李下之嫌。例如，同仁團購水果，下班後一箱一箱帶走，不知道是公司的，還是同仁買的，引來誤會就不好。但也不是不能開放，而是要將規定寫清楚，如果完全禁止，則以後連店鋪訂超過十杯飲料都不可以，影響很大。

有些主管向我反映：「公司真的有必要為了一些芝麻小事，開一整天的會嗎？」這些主管一天的產值數千萬，一年的產值數十億，卻耗在這裡開會，會不會大材小用？

但我認為就是要透過討論，建立「什麼事可以做，什麼事不能做」的共識，王品人的一致性才會這麼高。如果認為這些都是芝麻小事而不討論，就沒有共識，做起事來也會無所適從，沒有一個標準。

剛開始建立集體決策時，確實要花很多時間開會，但隨著大家的共識愈來愈高，討論也愈來愈有效率，現在，有時候我們一個上午就可以開完會了。

47/30

全體總動員，一起來找碴

同仁提建議案，可讓公司的大小問題都能浮上檯面，老闆一個人沒想到的，全公司一萬多人一定想得到。

從十五年前開始，王品規定總部同仁和各店鋪每個月都要提一個建議案，平均每個月會收到四百多個建議案，對於這些建議案，公司每個月都開會討論。雖然很耗費時間，不過如果一次不處理，下次同仁就不會再提了。

對同仁而言，每個月要提建議案也很費心思，為避免重複提案，同一個建議案三個月內不能重提。因此，往往出現最多的提案是「請董事長取消提案制度」，所以後來乾脆直接禁止提這項建議案，因為我堅持同仁除了要會動手做料理，也要能夠動腦想辦法。

讓同仁提建議案，可藉由同仁觀察公司哪裡需要改進，讓公司的大小問題都能浮上檯面，並得到解決，老闆一個人沒想到的，全公司一萬多人一定想得到，如此不但能集思廣益，也比老闆一個人觀察還要有效率且周全。公司會愈來愈大，同仁都要有貢獻，所以將建議案制度化，自然而然就會延續下去。

像是二〇一四年王品到新竹喜來登舉辦家族大會（店長、主廚以上主管與家人參加的活動），一回來就收到七、八個建議案，例如當天中午因舉辦頒獎典禮，時間冗長，拖延用餐的時間，同仁就建議應該縮短活動行程，不要讓來參加的同仁家屬餓肚子。

同仁旅遊回來後，也有人提案問：「為什麼同仁旅遊只能帶親人與伴侶，卻不能帶男女朋友？」其實以前是可以的，只是後來禁止了。我們的統一回答是如果情侶一起參加同仁旅遊，勢必會睡同一間房，站在公司立場，不鼓勵這種安排，況且如果以後不幸分手，也有可能怪罪公司。

曾經有人提案將家族大會由兩天延長為三天，馬上有同仁寫匿名信到總部說我們自肥：「家族大會的花費是全體同仁的心血，被你們這些主管拿去帶家人一起出去玩，明明是兩天怎麼可以變成三天？」收到信我們馬上改回兩天，我除了公開道歉，並感謝同仁的建議與提醒。

各店鋪的提案方式是由店內同仁各自提案，由該店鋪自行表決出一個，再送到各區域（約七家店左右）表決，接著往上呈報給二代菁英（不同事業體的分區經理），最後才交付中常會討論。但是因為案子太多，所以會由中常會負責的總經理先篩選三十個比較重要的提案，交由中常會表決，剩下的列為建議案，看中常會的成員是否要表決。

我自己也會提建議案，但只提像是股份、財務公開、升遷制度等大事，如果我提的是一些小事，對提案也沒有意見，大家會覺得很奇怪。每年年終，公司會舉辦一個年度建議案投票，由管理部篩選出數個建議案，再由中常會選出年度最好的建議案。

例如我們現在的策略是一年發展一個品牌，就有中常會成員曾經提議：「有必要一年一個品牌嗎？會不會太多？」他認為，只要我們把每個品牌的利潤極大化，再做國際化，規模就會很大，為什麼需要一年一個品牌？但我認為，就公司目前的能量與資源，一年一個品牌是綽綽有餘，像創辦夏慕尼的楊秀慧二〇一四年創ita，對公司的營運也沒什麼影響。

一年一個品牌最重要的原因是要推動國際化，品牌愈多，選擇愈多元，被國外公司挑中的機會愈高。二〇一四年有販售義大利麵的品牌，可能二〇一五年就有新的品牌賣酸辣麵，當然我們也不是為了要多品牌而創品牌，而是將該品牌的效益推到最高，才會授權國外企業。

所以一年一個品牌等於是為擴大公司版圖做準備，而且如果沒有一年一個品牌，現有品牌的店數早晚也會飽和，唯有品牌愈多才能夠取得更多的市場占有率。

47/31

國際化，以減少持股換遍地開花

遭遇挫敗，不要灰心，立刻修正再重來就好。

王品牛排開幕八年後，決定步向國際化，那時不知道臺灣能不能做多品牌，所以決定要走出去，到美國開店，再打回臺灣，沒想到卻遭遇重大的失敗……

失敗的原因可能因為我們堅持要獨資，沒有找熟悉當地市場的業者合作，一切都是我們的想像，以為美國人喜歡吃牛排，開牛排店一定沒問題。但在美國經營餐飲業的營運成本太高，我們做的牛排也不是美國人喜歡吃的。當時王品的資本額也不大，短短四、五年就賠了一億多臺幣，最後只好忍痛售出。

後來我們的修正是改用品牌授權的方式，找國外有經驗的大型餐飲集團合作，在股份分配上也只占二五％到三〇％。一般企業界的觀念是，和國外合資要占有超過半數的股份，才能夠掌握主導權，結果往往深陷其中、動彈不得；而且對方會因為沒什麼主導權，沒有同舟共濟的精神，不會認真經營。

一旦國外的合作方擁有較多的股份，就會有責任感想要好好經營，也願意投入更多資金與心力。雖然持股少也代表王品可分到的利潤比較少，但是反過來想，因為投資金額少，由對方主導，王品才有餘力可以遍地開花，同時在世界各國授權。

最近我們和美國大型餐飲集團「熊貓快餐」談授權，我方就只出資二五％，由他們主導。他們為了挑選要引進的品牌，來臺灣一個星期，吃遍王品所有餐廳，最後選擇引進原燒。原因是美國人愛吃肉，而且原燒出菜的順序，從沙拉到湯、甜點、飲料，完全是西式的。

雖然他們想要引進的品牌和我們原先想的完全不同，但是我們相信，他們對美國市場比我們內行，所以就依他們的要求讓原燒去美國，這對原燒的同仁也是一個鼓舞。

我們終於要重返美國市場，上次去美國，我和主管們在過去讓我們跌倒的那家餐廳前合影，因為跌倒之後，我們又爬起來做大了，所以更有自信。

此外，與新加坡的莆田餐飲集團合作，我方的股份也是只占三〇％。至於大陸投資，則和其他海外國家不同，投資的持股比例比海外國家來得高。因為臺灣和大陸在政治上雖然分屬兩國，在經濟上卻因兩岸同文同種，可以視為同一個市場操作。

依據餐飲的定價和定位，王品集團在大陸設有兩家分公司，較高價的王品、西堤、花隱、LAMU等品牌屬於同一家公司，由王品集團百分之百持股（王品占五一%，另四九%由中常會的成員與大陸的團隊持股），登陸已十二年，從第三年開始獲利。至於走平價路線的品牌像石二鍋，則由王品與菲律賓商JOLLI BEE合資。

47/32

規模愈大，修正速度要愈快

規模愈大，修正速度必須更快，
而且不是遇到才修正，
是要提前半年。

王品牛排開幕後第二年就在高雄開了分店，後來營業額持續成長，但到了第七年，也就是一九九九年，因為臺商外移到大陸，王品牛排的營業額也衰退了二五%。

那時我很緊張，不知道該怎麼讓營收停止下滑，只能立刻節約，將總部從兩個樓層縮減為一個樓層，同仁降薪，福利也縮減，咬牙苦撐持續了一年。

當時內部充滿不確定感，但是沒辦法，就是讓大家都緊張、要同舟共濟。後來危機解除了，要恢復各項福利時，大家還勸我不要恢復，因為同仁都知道原來開銷太大會有問題，寧可省一點。

一般企業節流很容易造成士氣低落，或者同仁反彈，所以要節流哪些成本，必須由下而上提出，才能順利實行 。我們節流的當時，舉辦了一個「cost down活動」，由同仁提出節流的內容，同仁怕公司倒閉會沒工作，所以很認真研究節流的內容，像是取消尾牙、減少年終獎金，再提到中常會決議後才執行，所以就沒有遇到同仁反彈。

因為我們財務公開，同仁很清楚公司真正的營運狀況，像是業績掉了、獲利少了多少。若是財務不透明，而且直接由高層自行討論宣布節流的內容，同仁執行起來難免會心不甘情不願。

公司規模愈大，修正速度要更快，而且不是遇到才修正，是半年前就要開始。例如二〇一二年中，我看到公司的獲利與去年同期相比稍減，覺得有點不對勁，馬上推行節約專案，取消年底的尾牙，改辦公益園遊會，只吃便當，而公司的家族大會活動也減為一天，就是為了因應不景氣所做出的彈性調整，同仁也都能接受。隔年（二〇一三年）王品旗下六個品牌為因應市場物價波動，也曾調漲價格。為了企業生存，這些都是必須做的調整。

二〇一四年，本來我們透過內部投票，已決定出尾牙要邀請蔡依林前來表演，而且也敲好尾牙時間及場地，後來因發生食安風暴，幾經考慮決定停辦尾牙，同仁也都認同公司決定並全力配合。

47/33

危機處理，必須要及時

公司內部一定要建立共識，等到事件發生，組織內部的機制自然就能快速地回應。

二〇一四年十月發生頂新正義油品事件，燒出臺灣食安問題的一場大火……

一開始我們認為，王品買的是政府認證過的食用油，所以決定等清查完整後再對外說明。然而，因為消費者對王品的期待較高，加上我們是餐飲業的龍頭與指標，反倒讓我們成為注目焦點。

後來我在開會時對大家講，不管我們心裡有多委屈，只要客人有所質疑，我們只有一種回答：「讓您誤用到不乾淨的油品是我們的責任，實在是很抱歉，我們會嚴加改進。」

我們強調顧客是王品的恩人，「王品挑過的，您不用再挑」是我們一向堅持的原則，所以王品責無旁貸，也不會任意說出「王品也是受害者」這樣的話。

現在，我們已開始實施「二階物料管理制度」，要求訂購食材的廠商必須交出上游廠商的名字、提供物料名稱，並且積極推動建構「食品雲」，加強供應商規範與食材溯源管理，以期透過雲端系統，清楚掌握食材背景，為消費者的食安嚴格把關。

二〇一四年的食安事件真的重創臺灣的餐飲業，讓很多消費者寧可回家煮飯，也不願意到餐廳消費，餐飲從業者的士氣也受到很大影響。此外，這次事件，也讓我警覺到，每次有類似事件，不論是媒體或消費者，都會期待我出面說明，突顯出我與王品的關連性太強，好像沒有我，王品就會群龍無首，我卻認為，王品的每位同仁都應該可以代表公司。

為減少我與王品的關連性以及影響力，我從二〇一四年十一月初就主動暫停在媒體的個人專欄，也不再接受媒體採訪，以減少在媒體曝光的機會，盡量淡化大眾對「戴勝益＝王品」的印象。

另外，原本我就計畫於二〇一八年十二月十日，滿六十五歲的那一天退休，這次事件讓我開始考慮，從現在開始可以減少做一些事，如果一直都是我出面，接棒的人就沒有表現機會了。

除了減少對外曝光，為讓下屬可以獨立，我也逐漸退出集團內部的會議，不需要每件事都經過我的同意，也不是每件事都需要我的簽核。

未來王品會朝著降低個人色彩、強化品牌形象的目標前進，以往鎂光燈專注在個人或我的身上，然而3M或是麥當勞這些知名企業的董事長是誰大家並不知道，卻無損他們的品牌地位，所以王品只要做好品牌該做的事情，做好餐點、管理、服務等層面就夠了，不需要透過個人的魅力加持。日後王品也要加強企業危機處理，公司內部一定要建立起共識，等到事件發生，組織內部的機制自然就會快速地回應。這次的食安事件讓我學到，要懂得少做一些事，更要加緊腳步推動交棒，如果我從現在開始減少曝光，大家至少要數年才會忘記我，離退休還有四年，所以我要加緊腳步。

STAGE

企業，
必須有文化

陸

47/34

好文化，優勢才久長

先把容易踩線的事情規範好，
可以省下很多麻煩，形成善的循環，
讓同仁對公司產生信任感。

企業長久的優勢，不是來自薪資、福利或策略，而是來自好的企業文化。王品創業之初什麼都敢做，因為當時只想求生存，但現在不一樣了，已不再是只為了生存，我們所做的決定必須不影響企業文化，並且對整個社會有價值。

比如說，以前我們會提供代客停車服務，但現在的王品卻不做了。王品規定不能拿小費，然而，代客停車的慣例是可以收小費並放進自己口袋，所以只要有代客停車的事業項目我們都不做，包括club、酒店、旅館等。

為了塑造王品的企業文化，我們做了很多事，其中之一是將「龜毛家族」和「王品憲法」形諸文字，並要求董事長和所有同仁都要遵守。這些條款大都在限制高階主管（尤其是我）的職權，所以更要由我做起。

這些條款最早是起源於二〇〇二年，有一天我想到可以集中過去十年來散布在各事業體的規定，於是特別跑到溪頭住在飯店裡，我的房間外面有一棵大樹，便搬了一張桌子到樹下，就這樣吸收著芬多精，一頁一頁全部寫下，最後集結成「龜毛家族」，像是遊百國、吃百店、日行萬步、遲到一分鐘罰一百元、不崇尚名牌、不開一百五十萬元以上的車、不迷信、董事長不得去投票等共二十八條。因為都是平常我講過的，屬於我個人的領導風格，所以就直接頒布。

訂下這些規定之後，可以省下很多麻煩，例如，「遲到一分鐘罰一百元」，是因為守時代表你對別人的尊重，為了要求同仁不管上班或開會必須守時，我們規定遲到要罰錢。又如「選舉時董事長不得去投票」，因為如果我去投票，同仁必定關注我投給誰，或是從談話中猜測我支持誰，規定我不能投票，就不會發生後續的問題。

此外，「迷信六不」：不放生、不印善書、不問神明、不算命、不看座向方位、不擇日，如果我不這樣規範，什麼事不都要求神問卜？如果同仁真的做了，雖然是觸犯到公司的價值，但並不會進行懲處。

相對於龜毛家族是工作和生活價值觀的布達，「王品憲法」則是更嚴格地規定職業道德和倫理，是不能違反的，否則會受到懲處。例如其中的「非親條款」規定五職等（含）以上同仁的四等親屬禁止進入公司任職，董事長子女亦然，接受廠商一百元以上好處者開除等，共十一條，先訂下這些規定，之後就可以省下很多麻煩。

假設我幫人做保，結果對方跑路，害我背上五十億的債務，不僅我個人破產，連公司的股份都會被法院扣押，等於公司的經營權易手，所以董事長不得以個人名義背書或當保證人。之前親戚要辦理貸款，找我當保證人，我對他說公司規定我不得幫人做保，以避免日後一旦出問題，傷了公司、也傷親戚的感情。

而「非親條款」也杜絕很多問題（但在非親條款規定之前已進入王品工作的夫妻或兄弟姐妹，就不在限制之內），雖然會引起同仁的不悅，但那是一時的，沒有非親條款，問題會是一世的。

王品另有「一百元條款」，包括不能收廠商一百元以上的禮物、不可以從公司拿走非私人的東西等。曾經有一位主管在店鋪吃飯時，用便當盒將食物裝回家給小孩吃，被一位工讀生看到並向上舉發，公司一查確有此事，中常會就決議將他免職。

還有，我們規定主管不能吃下屬的任何東西、不能占下屬任何便宜，結果發生基層同仁慶生，主管不敢吃蛋糕的情形，於是修正條款，把例行性的、公開的、慶生的、不及一百塊等條件加進去，才不至於讓人不知所措，好像什麼都不能做。

把容易踩線的事情都規定好，可以省下很多麻煩，這些條款到最後會形成善的循環，讓同仁對公司有安全感、信任感，並將全副心力放在服務客人上。

47/35

沒有模糊空間，就不會想踩線

我設了非親條款之後，兒子就知道自己長大以後不可能進王品，這樣他才知道要努力。

有人說「王品憲法」和「龜毛家族」會讓人動輒得咎，如果真是如此，王品現在也不會是一家這麼多人的公司，早就關掉不做了。而且，對於那些不會想要踩線的人來說，這些限制並沒有什麼太大影響。

一般企業同仁對於公司的規定常有「試看看」的想法。比如有一件事，有人說不可以這樣做，但又有人說以前是可以的，如果大家無所適從，便養成「試看看」的心態。

我之前開盲腸手術住院時，就規定同仁不能送花，也不能探病，結果真的沒有人來，醫師很訝異我的病房裡竟沒有堆滿花。廠商和公司同仁都遵守規定，沒有人送東西或探病，是因為他們知道哪些事情是不能做的。除非一直抱著「試看看」的心態去踩線，否則怎麼會動輒得咎？

當然，隨著企業愈來愈大，這樣的規定也是必要的，不然很多事情會處理不完。

我們還規定禁止關係人交易，就連我兒子開的背包客旅館都一樣。因為我和兒子是關係人，所以王品人來臺北出差要去住他的旅館，是不能報公帳的。我相信全世界的企業沒有多少人有這樣的規定，也讓我兒子感覺做我的小孩沒有好處。

我是離開家族企業三勝出來創業，知道離開舒適圈需要一點勇氣，也不是那麼容易。因此我在兒子國小四年級時就斷了他的後路，設下了王品的非親條款，讓他早早明白知道長大後不可能進王品，才會努力。我到三十九歲才知道沒有後路，所以讓兒子比我早三十年瞭解要靠自己努力。

如果我當初讓他感覺有後盾，沒有非親條款，給他董事長特別助理之類的工作，等於是限制住他了。他可能每天都閒閒地提著公事包走來走去，腦袋裡思考的是要和哪些女生約會、吃飯，因為缺乏生存的壓力。

如果當初沒有非親條款來排除親戚，現在王品內部總經理、董事長的親戚，加一加至少會有一百多人，每個高階主管都會形成一個派系來爭取最大利益，當各派系花很多力氣互相鬥爭，那麼王品的規模可能就只有現在的三分之一到四分之一。此外，其他優秀人才也不會再進到公司，因為他們會感覺自己沒有希望，非親非故的，怎麼可能當部門主管？或是更高階的職位？在非親條款制度底下，每一個人都有機會，感覺到公司對每一個人都是公平的。

最近我拿錢讓兒子去開創背包客旅館，就有人說我並沒有斷了兒子後路。我認為，不讓孩子進入王品、不能繼承財產已經很無情了，如果我為了成就自己的清高，還斷了孩子的未來，才是更有問題的。

雖然我提供資金，但以後他一切要自負盈虧，開幕半年後的住房率已經將近九成，我很替他高興。他自己開創事業有磨練的機會，也會有成就感，而不是等著繼承我的事業。如果當初讓他進王品，我會擔心到接班時，中常會的人因為不服而離開，下屬也會質疑他的能力，現在看到兒子的發展，我認為當初的決定不論對王品或是我兒子，結果都是好的。

47/36

公司沒祕密，同仁才同心

自從公開帳目以後，我都不用看帳了，因為只要有問題，同仁自己就會提出來。

王品每次遇到狀況，同仁都能同心，這是因為財務公開與一家人主義。

當公司業績減少、實施節流時，因為財務公開，同仁很清楚公司業績掉了多少、獲利少了多少，如果財務不透明，同仁可能會以為老闆賺很多，卻不想分給同仁紅。

現在很多公司宣稱財務公開，但事實上公開的只是總帳，王品則是將每天進出帳的每一毛錢都放在網站上，讓同仁知道買東西所耗費的成本、店鋪當日的獲利、總共有多少餘額、店長和主廚的薪水是多少、錢存在哪個銀行、最後會產生多少利息等資訊。

各店的帳，連工讀生都可以看到，所以他們知道店長、主廚領多少錢，在做什麼事，如果店長、主廚不做事，就會被指正。自從公開帳目以後，我都不用看帳了，因為只要有問題，同仁自己就會提出來。這樣做除了讓同仁更確實瞭解公司的情況，也可以讓同仁產生信任感，知道我們不逃漏稅、也沒有任何欺騙。

我們連所有採購、公司營收、薪資等資料對內都可以公開了，因此更不可能有不能公開的祖傳祕方，況且如今全世界這麼多廚師，任何口味在一、兩天之內都會被模仿。

我們的廚師每次研發新菜色時，一定要把配方寫下來並公開在電腦上，包括材料需要幾公克、在什麼樣的烤箱用幾度烤多少時間，細節要寫得清清楚楚，只要會下廚的人都會做。

很多傳統老店是靠祖傳祕方撐起來，但永遠都是一家店，等到年紀大了，孩子不願意繼承，手藝又不能外流，最後只能面臨收掉的命運。

即便是祖傳祕方，在衛生單位檢驗時也一定要公開，因為所有的配方必須經過食品安全的檢驗，確認無虞後才能對外販售。如果對衛生單位公開，對同仁卻不公開，是不公平的，因此連醬料怎麼做，我們也讓所有同仁知道。

有人會問：「難道不怕被別人學走嗎？」我認為配方不會影響到企業壽命，真正會影響公司壽命的關鍵是決策。也就是，碰到問題時，決策者所採取的行動，如果你一直朝著錯誤的方向走，這個企業就完蛋了。

就像我們「王品之師」的做法也有人學，但是他們沒辦法這樣長久。所以，即便有人學了我們的配方，他們也不一定能像我們一樣維持品質、不斷開創新品牌、且維持人才的穩定性。

47/37

辦活動，揪人心

辦活動可以凝聚同仁對公司的向心力，如果省下辦活動的錢，改發給同仁現金，因每人分到的錢不多，對公司也就不會有歸屬感。

為了增加同仁的向心力，王品常常辦活動，像聯合月會、家族大會等。從十多年前開始，我們每個月都會召開聯合月會，店長和主廚以上約七百人都要到臺中飯店開會，光是車資就要花上百萬，因而有人曾建議用視訊比較省錢。

對此，我舉一個例子說：「總統府的升旗典禮也可以把旗子直接升上去就好，不用特地在每年的一月一日舉辦，光是那一天動員、交通管制等，花費至少就要一千萬，不是嗎？」

因為我們希望透過活動，凝聚同仁對公司的向心力。如果為了省錢，尾牙其實也可以不用辦，省下的四千萬直接發給同仁，一萬七千名同仁每人可以分到二千五百塊，但是發現金，同仁並不會有歸屬感。

普遍來說，餐飲業的同仁很容易厭倦，所以王品常常舉辦活動，不斷替同仁充電，提升戰鬥力。王品每年舉辦同仁旅遊，從三、四月開始，分批旅遊直至十一月；四月份有家族大會；十、十一月登玉山；十二月辦尾牙；農曆年前發年終獎金。每隔一、兩個月就有一個誘因，同仁為了等待下次活動的到來，離職的想法也會降低。

說到尾牙，有別於一般企業同仁不喜歡準備尾牙表演節目，王品的同仁們很勇於表現自己，大家都爭先恐後報名尾牙表演。尾牙時，每一個事業體組一支隊伍，公司會請舞蹈老師來教，同仁熱衷於準備表演，下班後再累也會擠出時間練習。

聯合月會開會前，大家一起唱集團歌後再開會，會議結束前會安排「著猴時間」（臺語），每個人都要一起唱唱跳跳，再開開心心地離去，王品就是要塑造讓大家都能很自在的公司文化。活動當然也不能辦太多，比例原則很重要，辦活動的時間與金錢都要先估算好，才不至於頭重腳輕。

家族大會則是每年邀請聯合月會所有成員，每個人最多可以帶三位家人（如果要帶到四人以上，必須自行支付多出來的費用），大家共聚一堂，實際上每年參加的同仁與眷屬人數大約是兩千多人。

通常每個人都會帶滿可以帶的家人數，沒帶家人去的同仁我也會詢問原因，有一年的「碗糕董事長」就是這樣被問出來的。那一次，我半夜看名單時，發現有一位主廚沒有帶家人來，於是撥電話問他，一開頭就說我是董事長，他以為是朋友在開玩笑，就回說：「碗糕啦！你是董事長的話，我也是董事長。」我回說要問他有關家族大會的事，他才知道我真的是董事長，因為這件事情，他後來不斷被大家拿出來當消遣話題。

我親自問了幾次後，覺得同仁會有壓力，便交給助理去問，每年大概只有五位沒有帶家人來。家族大會的規定是要帶直系血親，如有人願意帶祖父母來，我們還會嘉許他，因為他不會覺得帶阿公、阿嬤出門很丟臉，如果年輕人覺得帶家裡的長輩出門會沒面子，代表他不夠成熟。

堅持要辦家族大會，是因為王品就是一個大家庭，王品人的家人就是我們大家庭的家人，要讓家族融洽，就必須讓家庭互相認識。更重要的是，同仁的家人能瞭解他們的工作環境並感到心安，在家族大會，A主廚和B主廚的家人們可以互相認識、聊天。為了方便大家互相認識，大會上每個同仁和家人都必須戴名牌。

每年的家族大會，我一大早就會在門口迎接每一個人，用餐時間我和太太一桌一桌打招呼，並和每一組同仁與家屬拍照，再裱框送給他們。兩天活動下來，足足瘦了兩公斤。有些同仁的家屬很有心，會按照年度將這些相框一個個擺好，有親戚來拜訪時，還可以趁機炫耀自己和孩子的老闆很熟。

活動結束時，我同樣會站在門口向大家說再見，待大家都走了，我還會與工作人員握手、照相，雖然他們不是我們公司的人，但同樣很重要，要感謝他們這兩天來的辛勞。

將同仁的家人當作自己的家人，從現實面來說，如果同仁有一天職業倦怠而想要離職，家人也會反過來勸說：「你們董事長對你這麼好，為什麼要離職？」從安定面的角度來看，看到公司對每一位同仁的家屬這麼好，同仁心裡也會感激，自然不會萌生離意。

隨著王品事業體的增加，同仁愈來愈多，舉辦家族大會的支出愈來愈大，中常會便開始有人提出是否要續辦。對此我認為茲事體大，攸關公司文化，必須另外獨立出來好好討論才行。

二〇一五年王品家族大會的形式有所改變，邀請聯合月會所有成員，帶著家人到西堤和陶板屋全省從基隆到屏東、從宜蘭到花蓮的十七家店用餐，我則到這十七家店與所有主管家屬一一握手問好，同時接續傳統與家屬們大合照，這為期一個多月不同以往的聚會，讓我有更多時間與兩千多位眷屬開心話家常，而家族大會這傳統不會消失，因為這正是王品一家人主義的核心價值所在！

47/38

公平，這是一定要的

開聯合月會時，用抽籤決定七百多個人的位子；尾牙邀請哪位藝人來表演，也要大費周章投票決定。

王品的尾牙一向都是由我上臺發言三分鐘，沒有安排貴賓致詞，也沒有公司高層冗長的發言。二○一三年的尾牙由我發言兩分鐘，副董事長發言一分鐘後，就直接開始表演。

由於我們同仁人數愈來愈多（臺灣一萬一千人，大陸六千多人），這些年尾牙都是邀大牌藝人來表演，但究竟要請哪一位藝人，則是全公司投票做決定。程序是先列出可以配合檔期的藝人後，由各店內部先投票決定要選哪位藝人，最後每家店代表一票，選出得票最高的藝人，而且一定要請到。

為什麼連邀誰表演都要這麼大費周章？請大牌藝人來表演一次要花不少預算，但因為同仁的努力，公司才能夠有如此高的獲利，同仁投票選出來的藝人，代表是多數人喜歡的，再高價碼我們都樂意花錢，這樣才能達到讓同仁開心的效果。如果依我個人喜好，可能會請到年輕人毫無感覺的藝人，所以必須透過投票，如二〇一二年邀羅志祥來表演、二〇一三年請來五月天，都是同仁的最愛。

除了藝人的名單要透過投票選出，尾牙時各桌的位置，也是由各品牌的總經理在中常會上抽籤決定，因此不是以哪一個品牌最早成立，或哪個品牌的店數最多來決定桌次。

公平很重要，每個月的聯合月會，我們也是用抽籤決定七百多個人的位子，連中常會的座位也要抽籤決定。若不是這樣安排，先來的人都會想坐在後面的位子，或大家互推誰要坐到前面。

不過，不是所有事用抽籤就代表公平，每次國外旅遊，因為我們的人數夠多，航空公司都會多贈送一個商務艙的位子，這會讓這一團裡年紀最大的人坐，這種應該要敬老尊賢的事就不用抽籤。

許多爺爺奶奶可能第一次坐商務艙，有這個機會很開心，同仁也會很高興。在王品除了工作，也常會有讓他們一生難忘的回憶，我想，這也是王品離職率比同業低的原因。

47/39

做一顆有溫度的地瓜

生地瓜和熟地瓜同樣都是地瓜，
只因為熟地瓜有溫度，
給大家的感受卻全然不一樣。

二〇一四年王品獲得《工商時報》舉辦的服務業大評鑑第一、第二、第三與第五名，我代表王品去領獎。通常在這種場合，大家上臺致詞都差不多：「謝謝主辦單位與評審對我們的肯定……」所以會認真聽的人可能也不多。

所以我提前想好演講的內容，當天先請祕書買兩顆地瓜，一顆生、一顆熟，而且不能太小。上臺領獎時，其他人都西裝筆挺，只有我穿POLO衫加牛仔褲，最不像受獎人。

致詞前我把獎牌交給祕書，伸手舉起兩顆地瓜，問大家說：「這是什麼？」大家的目光突然被我吸引過來，我接著說：「這不是獎牌！這一顆是生的地瓜，另一顆是烤熟的地瓜。生的地瓜既不香也不甜，所以沒有人要吃；如果是烤熟的地瓜，一撥開來又香甜、又鬆軟，大家都愛吃。同樣都是地瓜，只因為有溫度，給大家的感受會全然不同，而王品人都是有溫度的。」這樣的致詞內容，確實吸引了大家的注意與聆聽。

至於要如何當一顆熟的地瓜？王品人可以從生活中的三件事做起：

第一，王品人進入公共場所開門，不可以「砰」一聲直接將門關上，而是要擋住門，注意後面有沒有人要進來，有的話要先讓對方進來。

第二，王品人進到電梯內時，要到按鍵前的位置，先按住「開」，充當電梯服務生，詢問進來的人要到哪一個樓層。

第三，王品人在路上如果遇到車禍，應該要主動協助對方，看是要叫救護車還是急救，千萬不要擔心被誤會是肇事者。

如果王品人對不認識的人都如此用心，對顧客一定更用心。自從我宣布此事，公司幾乎每週都會頒發嘉獎勉勵熱心助人的同仁，並在公司內部的布告欄公告，全公司一萬多人都會看到，以感染到其他同仁。現在很多同仁只要在店內聽到外面傳來碰撞聲，都會主動出去查看。

王品人一定要有這個熱情，就算因此被誤解為肇事者，公司一定力挺到底。這樣的熱情，才是有溫度的地瓜。

47/40

向「王品之師」學身教、言教

好的福利影響企業一年；
好的策略影響企業十年；
好的企業文化可影響二十年。

從一九九七年開始，王品之師一直是讓我們引以為傲的傳統，到現在累積了大約五百位王品之師，我們覺得獲益良多。

我在外面常會遇到各領域很傑出的人，一開始只是回來和同事分享，但他們只能聽我講，沒有機會和對方接觸，感覺隔了一層。我希望不是只有自己在成長，每個人都要成長，於是定期邀請這些傑出人士來公司對高階主管演講。有了這個制度，王品人就不需要交際應酬，也不用特別加入社團，因為王品之師足以取代所有的交際應酬。

我們邀請王品之師有一套流程，例如要請臺大醫院的院長時，負責邀請的人就必須親自到臺大醫院和院長聯絡、報告關於王品之師的詳細內容。如果他答應來王品演講，我們接待也有一定的流程，比方，若是想要提前一天到臺中的王品之師，我們會安排他住在長榮酒店，事先幫他訂房間，再送花到房間以表歡迎。為了不讓他覺得有壓力，我們會先把款項付清，讓他自行用餐，而不是專人陪同，希望他以很輕鬆的心情來面對這次演講，第二天再派車接他到公司。

如果王品之師是當天直接搭高鐵來，我們會派人先買好票，在約定好的時間陪他搭高鐵，再派車接他到王品總部。在這過程中，接待人員會隨時和我們保持聯繫，在王品之師快要抵達時，我會站在電梯門口親自歡迎他，再一起到我的辦公室休息。

王品之師進入會議室前，我們會安排公關部的人穿著顏色統一的制服，列隊拍手歡迎他進會議室，中常會的成員會在裡面，和王品之師一一交換名片，彼此認識。

演講結束之後，中常會成員要和王品之師一一拍照，再拍團體合照，每位聽講的成員都必須對王品之師說一句話，我則在旁邊聽，所以他們不能講得不好，這樣做是讓對方感受到我們有所回饋，覺得來到這裡演講是有價值的。

對於部分王品之師我們會有特別的做法，例如台積電董事長張忠謀非常忙碌，平常也不對外演講，所以我們是到台積電去聆聽，以表示尊敬，演講當天我也特別從國外趕回來參加。

張忠謀先生演講的內容非常真誠，畢竟沒有媒體多餘的渲染，或是複雜的百人聽眾，只有中常會二十幾個成員，所以他能夠暢所欲言，帶給我們很大的啟發。老實說，幾乎每一個王品之師都會對我們講真心話，有的講一講還會真的把所有情緒發洩出來。

如果以最直接的影響來看，張忠謀董事長給了我們很大的啟發。王品一直在做企業文化，但實際上我們不清楚企業文化對未來有什麼影響，張忠謀先生告訴我們：「一個好的福利，只能夠影響企業一年的壽命；一個好的策略，能夠影響這個企業十年的壽命；而一個好的企業文化，卻可以影響企業二十年的壽命。」

福利的好壞，反應出來的只是同仁的去留，而好的企業文化影響卻非常深遠。二〇〇七年，蘋果的無按鍵式手機掀起一股熱潮，但今日三星、HTC相繼而起，不到十年就有人跟上了技術。至於企業文化，雖然看起來和企業壽命、產品等因素都不相關，卻等於是企業的靈魂，好的企業文化能夠提升知名度、留住人才，因此能夠延長企業的壽命。

有時候王品之師不一定要透過演講才能讓我們有所收穫，像高清愿先生僅是一個動作就讓我受用無窮：我們一一照相時，高清愿先生會一手握住你的手，另一隻手搭著你的肩膀，說著「你好、你好」，才準備照相。就算我們不學他講演講的內容，光是這樣沒有距離感地與人親近，就夠我們學了。所以我現在面對不熟的朋友，或第一次遇到的人，也保持親切的態度。

王品之師的身教、言教都有可以讓我們學習的地方，況且他們不收費，而且即使以十萬、二十萬都不足以衡量這樣的分享。為了回饋他們，我們的做法是：一日為王品之師，終身為王品之師。每逢農曆大年初七，我們會送給所有王品之師一張卡片，還有一個刻上「某某老師，弟（或晚輩）勝益敬上」字樣的禮物，這樣才會有保存的價值。如果上面沒有刻王品之師的名字，只寫上一般的讚美詞，可能一下子就被丟掉了。現在我去拜訪王品之師時，經常可以看到有一個櫃子專門放我們送的禮物，被非常珍惜地保存著。

我覺得即使演講之後，還是應該一直維持雙方的關係，不要斷了這麼好的緣分。我個人也常到處演講，卻沒有遇過像我們對王品之師這樣持之以恆保持聯繫的做法。現在很多企業仿照我們有「XX之師」，但往往沒辦法持久，因為我們設有一個專責部門，負責邀請王品之師，並持續維持情誼等相關事宜。

王品之師都是社會上的意見領袖，具有一定的影響力，因為我們和王品之師長期、良好的互動，王品在外面的好風評，有一部分也是靠王品之師們創造出來的。

47/41

登聖母峰基地營，就是要「一馬當先」

所有在平地很簡單的事，
在那麼高的山上，
都會變得很不容易。

王品三百學分是：遊百國、吃百店、登百岳。

遊百國培養見識、吃百店可以多嘗試、登百岳則可增進膽識，而膽識必須以知識與嘗試為基礎，才能完全發揮。

我們很早就在企業內部舉辦攀登玉山的活動，二〇〇四年事業體西堤就率先登上玉山。由於現在登玉山的企業很多，所以我進一步將登聖母峰基地營（Everest Base Camp，簡稱EBC）當成王品形塑企業文化的重要活動。因為我們追求一馬當先、走在前面，因此成為國內第一個舉辦登EBC活動的企業。

登基地營是「冒險，但不危險」！從二千八百公尺開始走，七天內高度上升到五千三百六十四公尺，每天上升高度不到四百公尺，可以訓練膽識，但不至於有生命危險。雖然如此，很多人要吃藥才能克服氧氣不足的問題，也有人好不容易到達目的地，卻禁不起氣候與高度的考驗就匆匆撤退。

我第一次登基地營時，前幾天很開心，逢人就以尼泊爾話說：「**namaste! namaste!**（你好，你好）」每走兩小時就有山屋可以休息，讓登山客坐在外面欣賞風景，溫和的太陽照在皚皚白雪的山峰，美不勝收。但是到了後面幾天，隨著海拔變高，空氣愈來愈稀薄，一說話就氣喘吁吁，很消耗體力，即使美景當前，為了保持體能，最後連頭也不敢抬、話也不說了。

一行人走了六天半，眼見基地營就在眼前，和我一起去的旅行社老闆卻累得想放棄，便問我說：「如果我這時候掉頭回去，你會不會對別人講？」我立刻回他說：「會！」因為我覺得目的地快到了，折返很可惜。但在安全考量之下，他還是趕緊下山休息，回國後也沒有對人提起曾經去爬過聖母峰基地營。

有一位中常會的高階主管在登聖母峰基地營之前，很擔心自己會回不來，將手上的股票全部過到老婆名下，自己只留下一張，出發前一個月，每天魂不守舍，只想陪在老婆身邊。當他安全從基地營回來後，每次看到我都說：「董事長，我想再去一次。」

登基地營時，氣候與體力的挑戰比玉山更高，也是學習克服挑戰的最佳修練。當王品人能夠共同克服困難，感情與默契會變好，對公司的向心力也會更高。

登基地營也與領導統御有關，首先，可以訓練人的膽識，到海拔近五千四百公尺的ＥＢＣ是有些冒險，但不像攻八千八百公尺的峰頂那麼危險；但登過之後，膽量會變大，也會勇於嘗試與改變，否則太過於安逸，事業很容易就停滯不前，企業也會漸漸老化，失去活力。有些人會覺得一輩子這樣就很好了，不肯突破，擔心會失敗。其實沒有必要畫地自限，突破沒有那麼難。

其次，登基地營要有毅力、打死不退，到了現場你必須面對環境嚴峻的困難，不能輕言撤退。登過基地營，回到生活和工作中碰到任何困難，這個經驗會帶來很大的支持，像我就會想：「再難也沒有比登ＥＢＣ難；就算失敗，也不會比登ＥＢＣ失敗還要慘。」因為事業上的失敗可以控制損失，登ＥＢＣ失敗卻是攸關生命的。

最後，辦這個活動還要有恆心，不能只辦一次就成為絕響。我們從二〇一一年開始舉辦，每年一梯次，到二〇一五年是第五次，我們稱為「ＥＢＣ５」，以後我們還會鼓勵同一梯次去的人組成聯誼會，建立革命情感和榮譽感。

高山上的環境和平地完全不一樣，如果在平地，當目的地在眼前，我想多數人再累也會撐著努力達到目標；但在海拔五千公尺的高山上，當高山症發作時，人只想活下去。

所有在平地上很簡單的事，在那麼高的山上，都變得很不簡單。雖然在高山上將雪溶掉就有水，但是燃料很珍貴，所以洗一次澡要十塊美金，也就是臺幣三百元。洗澡時先進到淋浴室內，蓮蓬頭上方接著一個漏斗，當地人會將一桶熱水倒在漏斗內，再順著水管從蓮蓬頭內流出，花三百元買的就是這一桶熱水。

上廁所更是要人命，大概要花掉半小時：首先得將身上所有的暖暖包拆掉，衣服一件件慢慢穿上，頭戴三頂帽子才敢走去廁所；到了廁所已是氣喘吁吁，回來再一件件脫衣服、帽子。有一晚我太太去上廁所，很久都沒回來，我急忙出去找她，一到廁所聽到叩叩聲，原來是沖水的水桶早已結冰，她只好用勺子將冰塊打碎。

我喜歡辦全公司上下都可以參與的活動。像打高爾夫球花費很高，基層同仁難以負擔，我就不會推廣。記得有一次我參加某家公司的晚宴，會場上頒發高爾夫球獎，只見公司高層輪流上去領獎，底下的同仁卻沒有參與感。如果老闆自己玩的活動和大家不一樣，同仁可能會有距離感，這樣公司內部就缺乏凝聚力，企業文化也無法一致。

47/42

回學校念書，很重要

理論是由過去的經驗整理而成，
如果能夠早點知道，
即可借助以前人的經驗解決困難。

除了登EBC外，回學校念書也是很大的挑戰。王品推廣的活動不僅限於體能的突破，也希望同仁能夠在學識上、想像力上有所突破，因此鼓勵同仁能夠在職進修，而我自己也以身作則，念臺大EMBA，同仁才會認真看待。「你認真，別人才會當真。」

念臺大EMBA之前，總覺得學校教的沒什麼用，可是這次回學校念書，發現教授師資很優良，我學習到如何將理論與實務結合。其實理論也是就是從過去的經驗整理而成，如果能夠早點知道，即可借助前人的經驗解決困難。

例如王品的定價策略一直強調不只是要「物超所值」，而是要「超物超所值」，這就是商學院課程裡所提到「CP值高就是剩餘價值高」的理論。當你付出五百塊，得到的喜悅是七百塊，其中的二百塊差額就是剩餘價值。王品各品牌每當推出新菜時，會舉辦試吃會，並請試吃者說出願意花多少錢點這道菜，而後將每位試吃者給的金額加總平均，再打七折，就是這道菜的定價。當價格是價值的七折時，顧客就會有「超物超所值」的感受，也是吸引顧客上門的誘因。

一般人常講學歷不重要，學識比較重要，但學識是比較籠統的說法，學歷則是國家認可的標準，比較有說服力。王品中常會裡就有三個人念博士，上行下效，底下的同仁也會很樂意進修。我們在招募人才時不看學歷，進來之後，學歷才會成為升遷的評判標準，但並非學歷愈高愈好，而是同仁能否在工作之餘，願意持續地進修。另外，公司要求學歷，其實如同父母的期待般，希望自己的孩子能夠多念一點書。

回學校念書很重要，決策有理論基礎，公司可以受益；個人有學位的加持，在升遷上比較有競爭力，個人也就受益；工作之餘，還有能力念碩士、博士學位，父母會感到開心和驕傲，等於家人也受益。

回學校上課，也讓我重新整理在事業上遇到的問題。例如上課時有人會問我：「目前大陸的房屋租金與勞動成本每年調漲，你都是如何處理？」以前我不知道要怎麼回答，來上課之後，才知道這些都是「系統化風險」，也就是整體性的風險，即市場上不同產業的所有業者都一樣都會受到的風險。假如汽油從每桶九十美元，漲到三百美元時，因為整個市場都會遭受影響，所以我們只要反映成本就好。其實，系統化風險並不危險，危險的是企業獨自碰到的風險。

STAGE

領導，
一定要有空

柒

47/43

KPI，將個人霸氣轉成組織的霸氣

透過KPI，即使遠在屏東的分店，我不用去巡店，也能知道廁所是否乾淨。

傳統的觀念認為老闆一定要有霸氣才帶得動，如一間三、五十人的小公司，因為大家常常接觸到老闆，所以老闆的霸氣就有用。但王品有一萬多名同仁，很多分店的同仁根本沒見過我，縱使我再有霸氣也沒用。

在大型組織，關鍵績效指標KPI可幫助領導者將個人霸氣轉移成組織的霸氣，例如，王品的KPI決定同仁的薪水與升遷，就是一種組織的霸氣。在王品，每個人都受KPI的監督和評判，只要KPI的規範明確，老闆可以對同仁和藹可親並盡量給予賞識。

KPI通常是由我定目標，內容則是大家一起討論、制定，彼此同意後就會認真執行。王品原來有兩位副董事長（現有一位已退休），分別負責海外和臺灣、大陸市場的資源整合，副董事長的KPI大概有五種，包括開店數、營業額、獲利率、食物成本等，與去年同期相比是增加或減少，兩岸互相比較，攤在太陽底下一清二楚。

副董事長底下各品牌總經理的KPI有十五項，如營收達成率、獲利達成率、滿意度、策略完成率等。各區域經理的KPI，則有營業額、平均食材／人事成本、〇八〇〇通數等約二十種。每家店的店長也有KPI，像是餐點品質滿意度、〇八〇〇顧客抱怨、獲利率達成度、食安評比等，也有十五種左右。

透過KPI能清楚瞭解公司現在與過去的狀況，有了過去的數據比較，就可以管控成本，所以我才能知道王品現在的食物成本與過去十年相差無幾，大約是總成本的三成左右。

即使遠在屏東的分店，透過KPI，我不用去巡店也能知道廁所是否乾淨，因為各店發給的「顧客意見調查表」，內容大致有三大項，分別為餐點滿意度、服務滿意度、整齊清潔度。廁所是否乾淨？會反映在整齊清潔度的分數上。只要將各店相比，就可以知道哪一家店的表現好或不好。

之所以可以相信「顧客意見調查表」的統計結果，是因為樣本數夠大。目前全臺三百家店，每個月平均來客數大約是二百萬人次，其中有填意見調查表的顧客約占七五％，大概是一百五十萬份，也就是每家店每天約有一百六十一份，這樣的樣本數是足夠且具可信度的。

如果某一家店連續半年顧客意見調查表的各項分數都敬陪末座，店長會被拔除職位，並到其他店見習三個月，這對店長而言是很可怕的事。一般老闆都習慣用威望來管理，但只要用KPI來管理，老闆不用親自說出口，同仁就會有危機意識。

二〇一四年四月，顧客讚美度第一名是陶板屋，我也請他們辦了研習營，讓其他品牌來學習。顧客讚美必須是真實的，如果煽動顧客讚美某家店，查到的話就必須到中常會接受質詢並懲戒。

在王品，每個禮拜都有懲處案，假如同仁偷偷將負評的顧客滿意卡藏起來，如果顧客打給總部詢問，公司就會嚴查，而且每次的懲處案都會公告各店，讓同仁不敢犯相同的錯誤。

王品位於臺中的總部也有各種KPI，所以我不用每天去查各部門的情形，就知道他們有沒有浪費。我算過，營業額達五十億，就可以支持總部設一個樓層，目前總部已有四個樓層，這樣的規模可以支持集團營業額成長到二百億元都沒問題。總部的花費是否合理，我只要看總部的費用占總營收的比例就能知道。

前面提過「帶人，要用感情」，才能讓同仁有幹勁。如果讚美是胡蘿蔔，ＫＰＩ就像是棒子，管理考績的準則交給ＫＰＩ，更為公開透明，省下來的時間，主管就可以用來多關懷同仁了。

因為有一百多種ＫＰＩ進行評估，所以我們沒有什麼「忠誠度很高」、「服務很好」等形容詞。如果我們不是用數字化的ＫＰＩ來評估同仁表現，而是給予很多形容詞，就容易產生下屬鑽營、討好的漏洞。

透過ＫＰＩ能確切瞭解同仁的實際表現，因此，我不需要私底下探聽同仁的作為，或到家裡瞭解狀況，並非我不關心同仁，而是ＫＰＩ會說話。

47/44

打招呼，拉近和同仁的距離

愈懂得和人打招呼的人，
愈可以拉近和別人的距離。

每週五趁著進臺中總部和高階主管開中常會的日子，我會和總部同仁打招呼。通常我在八點進辦公室，先處理好公事，八點半開始到每個樓層向同仁打招呼，一直到九點半會議開始。

本來我沒有和總部的同仁打招呼，後來有同仁建議，既然我每週會進總部開會，就是辦公室的一分子，如果對同仁不聞不問，會與同仁有隔閡。

我想想也是，因為公司的基層同仁平時沒有機會與董事長相處，不免會有距離感。如果我能夠主動打招呼，不僅能拉進與同仁的距離，也能認識每一位同仁。

於是我找副董事長與管理部副總經理一起，每個禮拜五在中常會開會前，一起到各樓層打招呼，至今已持續十年了。以前總部只有一個樓層，現在有四個樓層、兩百多位同仁，我依舊親自與每一位同仁握手、話家常。

很多公司的董事長與同仁打招呼時，都是很威風地走進辦公室，可能對同仁只是點頭示意。我覺得這樣的打招呼，反而讓同仁有「董事長來視察」的感覺，所以我打招呼很「三八」，是走到同仁的位子旁，帶著親切的笑容、沒有距離地向他們打招呼。

剛開始因為同仁反應很熱絡，我會和所有同仁擁抱。後來我收到一個建議案，希望董事長打招呼時，不一定要擁抱，可以單純握手就好。這是一個警訊，可能有一些同仁不想有過多身體接觸，但看到別人很熱情，就勉強自己跟著做。所以後來我打招呼的方式調整成僅和同仁握手，只有當同仁熱情地要擁抱，我才會張臂，而且不能抱太緊，輕輕地拍拍背就好。

擁抱其實是冒著「生命危險」的，有位女同事與我打招呼後，表示想要和我擁抱，我看她是新人，對公司文化還不瞭解，笑笑地對她說：「我不敢抱妳，萬一妳以後離職時，說董事長性騷擾。」她說：「不會啦！是我自己提的。」因為公司的人實在是太多了，也曾發生過我不和某位同仁擁抱，對方卻回說「可是上禮拜有擁抱」的窘境。

另外，每個部門也有不同的風格，我都要尊重。像財務部門比較嚴謹，我大多是握手，只會主動擁抱資深同仁；品牌處就比較熱情，每個人都會和我擁抱。

很多公司的同仁，一年看不到董事長幾次面，但我這十年不間斷地打招呼，讓總部所有同仁每週都會看到我，讓同仁覺得我是可親近的，這也是我們要塑造的企業文化。

有一次我臨時受邀到臺大EMBA演講，就站在演講廳門口，和每一位進來的同學與老師握手，他們都嚇一跳，通常演講者都是等大家坐定後才會上臺，怎麼會是到門口迎接聽眾呢？我認為這是一種禮貌。演講時，如果一開始聽眾比較少，我也會先到臺下一個個交換名片，但如果人太多就不會這麼做了，因為會顯得做作。這麼做，聽眾會覺得你把他們當朋友，距離感沒那麼大。所以打招呼很重要，可以拉近人與人之間的距離。

47/45

有空，才能聽到市場的聲音

一家公司的領導人不能太忙，
如果每天處理公事，
就沒有時間聆聽社會的需求。

有人問我如何洞察市場趨勢？其實我沒有洞察市場趨勢的能力，我只是聽到市場的聲音，再去行動。

如何才能聽到市場的聲音呢？就像我們去爬山，如果只是想要趕快登到山頂，那麼一路上就什麼聲音都聽不到。如果可以找一處坐下，一個小時後就可以聽到風呼嘯而過、松柏搖曳、鳥鳴，甚至還有蟋蟀鳴叫的聲音。

身為一家公司的領導人，也要有自己的時間，不能太忙，如果每天都在處理公事，就沒有時間聆聽社會的需求。我一個月有十五天不進公司，有很多時間可以思考，並聆聽這些聲音。

因為我不常進辦公室，所以我的辦公室常常被同仁充當會議室。有時候我忽然進來，看到門上貼了「開會中」的紙條，只好摸摸鼻子離開。即使我進公司，也至少有五、六個鐘頭是獨處。在公司時，有公文我馬上會處理，有時候一個早上就簽了三十件，以免延宕部屬處理的時間。因為他們都會做得很好，我也只是依照規定簽名。

我在公司時，除非有急事，祕書不會來找我，中午休息時間，同仁也不會來問我要不要吃飯。我認為，上班是要處理公司的事，而非老闆的事，如果同仁花時間招呼我，那就是搞個人崇拜。而私底下我也不會單獨找部屬吃飯，或刻意照顧某一位同仁。

奇美集團許文龍董事長一個禮拜只進公司兩個早上，其他的時間都出海釣魚，有些人會認為他不認真，但我認為許文龍先生是非常認真的老闆，他在海上一定不是在想釣到的魚有多大、要如何料理，而是在思考公司之後要在哪裡設廠，股利要發多少等。他的工作場合是在海上，不是在辦公室，而我的工作場合就是在山裡。

人長期處在某一個環境之中，自然而然整天想的就會與那個環境有關，譬如說老師整天想的一定就是教學與學生；農夫就算在空閒的時間，也一定在想什麼時候要收成、如何耕種才會豐收等。我既然當董事長，整天想的就是如何讓大家更幸福、公司獲利更高。即使我去爬山，想的也是這些，不會去想別的，因為一來不熟，二來不專精，第三是想別的事情無助於產值。

然而，我不是為了想這些事情而去爬山，而是在爬山的過程中閒閒無事，這些與公司有關的事情就會自然而然浮現在腦中。如果我和救國團去爬山，每天活動規劃得滿滿的，就不會有空想這些事情。因為是自己一個人爬山，沒別的事做，創業養成我無法閒耗時間的習慣，就會思考如何避免公司的損失與增加效能。

每次我出去遊玩都沒有目的，單純就是放鬆、四處亂走，在放鬆心情的情況下，常會有不經意的收穫，而不是設定一定要想出什麼新的策略才去遊玩。一個人單獨的時間多了，就會亂想亂聽，看到什麼都會有感覺。

我一年平均去澎湖五次、日月潭六次、墾丁三次、溪頭十二次、宜蘭六次。這些熟悉的地方可以讓我很放鬆，也不用為了開發新景點而傷腦筋，像是去合歡山，我只會住國民賓館。出去玩時我不會接電話，只接收簡訊。

有句話說「寓靜於動」就是這個道理，一個人看起來好像什麼事都沒做，其實在想很多事情。如果沒有「洞燭機先」的概念，突然碰到某件事，會很慌張而不知如何處理，所以若能事先想好，就不會怕了。

47/46

領導人的風格最好等於生活風格

領導人如果喜歡單純的生活，
在公事上的領導就不能很複雜。
領導人必須悠閒，屬下才會英明。

公司領導人的領導風格，要和自己的生活風格一致，如果自己喜歡單純的生活，但在公事上的領導卻很複雜，就是不一致。

像我喜歡悠閒的生活，所以會把事情授權給下面的人，避免自尋煩惱。同時，我覺得要盡量讓公司能因為你的領導風格而長久，人也才能夠處得長久。

如果領導風格摻雜太多個人因素，對於整個公司組織制度是不利的。比如說一家公司董事長的領導風格是凡事親力親為，若有一天董事長不在時有突發狀況，大家不都呆在那裡了？

我期待自己能成為一位很悠閒的領導人，因為這樣屬下才會英明；如果我自己英明，就會讓屬下悠閒地看著老闆滿身大汗，面對一堆事情分身乏術。現在我的生活非常輕鬆，一個月中有一半的時間在到處旅遊、到處去玩，讓主管有充分發揮的空間。

我要趁著很健康的時候宣布退休時間，如果之前沒說，突然有一天說要退休，別人可能會以為我發生了什麼事。在退休以後，我仍會在股東會與董事會議上扮演一定角色，因為我還是最大的股東，股份最多，就算退休也沒關係，我仍可以參與公司決策。

即使退休，我仍會協助讓公司運作、同仁照顧、企業文化都能有好發展，事情還是很多。一般公司都是董事長一直做到老死，這樣會讓部屬感到害怕和沒有未來，更不知道公司會怎麼發展，有問題也沒人敢講。因為老闆一直在做，部屬也不能說什麼。

如果以一到十分來評公司的穩定度，我認為現在王品已經有九分，因為王品有五不原則：不投資股票、不碰政治、不官商勾結、不業外投資、不舉債，在業界中少見，所以如此的走向應該是穩健而有動力的。

47/47

心胸，是事業的規模

如果領導人太愛計較，
心胸過於狹窄，
事業規模很難做大。

當一個事業的領導人，最重要是心胸，事業的規模不會大於領導人的心胸，事業的長久也不會大於領導人的道德。如果領導人太愛計較，心胸過於狹窄，事業規模很難做大。

大學以前我其實很內向、沉悶且多愁善感，幸好後來我瞭解到人生的短暫，如果什麼事都不做，時間還是會流逝，所以我讓自己從不快樂到裝成很快樂的模樣，最後真的變快樂了。每天都要活得多采多姿，就算突然發生意外，也不會害怕、沒有遺憾。

在成長過程中，母親對我的人格塑造影響很大，她只有國小畢業，修養卻非常好，從小到大沒看過她生氣，沒有罵過、打過孩子，照顧家庭無微不至。當母親看到我們發脾氣動怒時，會平心靜氣地開導我們：「淺性誤事，性子這麼淺薄、脾氣這麼暴躁，容易肇禍誤事。」

母親的為人處世成為我的典範，我從她身上學到與人相處一定要替對方著想。以前我遺傳到父親急躁的脾氣，大約十五年前開始改變，瞭解到做人像母親一樣才是成功之道。

如果要用語詞形容我母親，那就是「活菩薩」了。我出生時，父親遠在臺東，母親一個人晚上十點生了我，請隔壁的人拿瓦片割掉臍帶後，十二點半又開始工作。那時候家裡很窮，母親沒有錢做月子，只能吃稀飯，她會先餵我吃粥上面一層濃稠的米糊，自己再吃稀飯配鹽巴。

因為母親營養不良，沒有母乳，因此小時候有好幾年我以喝粥代替母乳，長大後只要看到黏稠或勾芡的濃湯，我都敬而遠之，甚至創立王品後，早期的菜單裡也沒有濃湯，只有海鮮清湯。

我們家有六個孩子，小時候靠母親日夜不停替人縫製衣服來維持生計。有一年除夕，因為積欠柑仔店一百多元，母親的縫紉機被店家強取回去抵債，我們嚇得驚慌失措，後來里長伯出面做擔保，才將縫紉機要回來。

因為生活窮困，祖父要母親把小孩分給別人養，可是她不忍心，認為再苦也要一起生活。母親那種在困境中堅持活下去的信念，以及對生命充滿「會更好」的希望，都影響了我日後遇事有恆心、毅力，且永不輕言放棄。

後來父親回到臺中創了三勝製帽，生意蒸蒸日上後，家裡的情況開始好轉，母親才可以享福。母親在世的時候，全家和樂融融，她是家庭凝聚、子女間互相體諒的內聚力源頭。小時候每天晚上，我們都會蹲在父母房內的榻榻米上，一直聊到半夜十二點才依依不捨地上樓。

因為母親的慈愛對待，我們都很孝順她，還記得在三勝製帽工作的時候，有一次她問我們三兄弟誰有空帶她去買拖鞋，縱使當時大家都在忙，還是爭先恐後地想要帶她去。

母親很懂得關懷人，相對於父親的重男輕女，她很注重男女平等。記得在分家產時，父親只分給男生，那時母親就說怎麼女兒都沒分到？後來默默在十年間湊了一千萬分給三個女兒，並對女兒們說：「雖然錢不多，但這是媽媽的一點心意。」

我出來創業時曾對母親說：「兄弟現在感情和睦，只是等父親過世一定會出問題，這是每個家庭都逃不了的宿命，趁現在兄弟感情還很好的時候離開最好。」她很能理解我這麼做。

我離開三勝後兩年，弟弟戴勝堂也跟著出來創業，儘管我們一開始都很辛苦，但都沒有想再回三勝依賴父親。我剛創業時再怎麼不順利，都不讓母親知道，以免她心煩。當母親知道戴勝堂剛創業的狀況不好，每天早上會在吃早餐的時候偷偷塞錢給他。現在戴勝堂除了經營「大鼎活蝦」外，還有「分享咖啡」等事業體。

父親對我的影響則是在我創立王品後，教我確立「顧客第一，同仁第二，股東第三」的原則。記得在三勝製帽時，有一回工廠趕貨直到凌晨，父親買了好幾百個包子當作宵夜，先給來驗貨的貿易商，因為客人最大；接著給來載貨的卡車司機，感謝他們來回奔波；再給趕工的工人、幹部，最後有剩下的，才問我們兄弟要不要吃。因此我後來成立王品時，將顧客當成恩人，同仁是我們的家人，廠商則是我們的貴人。

這一生，母親讓我懂得為人處世最重要的是要為別人著想；父親則讓我瞭解做生意要以客人和同仁、廠商為優先。一路走來，我很感謝！

採訪後記

真正的答案

李采洪

第一次採訪王品集團董事長戴勝益，是二〇〇三年底，當時我任職的《商業周刊》，因為王品別樹一格的經營管理模式，首次以營業額十七億元的王品集團為封面故事題材。

出乎意料的是，此後王品集團的規模一路扶搖直上，至二〇一四年，已達近一百七十億元。十多年來，很多上班族薪資水準原地踏步；無數企業的營業額不增反減，只開餐廳的王品集團，營收反而成長十倍，旗下餐飲品牌一年一年增加，從牛排到烤肉、和風料理、火鍋、鐵板燒、蔬食、咖啡……我強烈想瞭解，這些年，王品到底做對了什麼？

雖然市面上已有不少和王品有關的商管書籍，但讀過這些書後，我還是找不到真正的答案。於是，我展開對戴勝益為期半年多的採訪，這是一段很有意思的經歷，每次訪談中，我一次次提出心中的疑惑，不管我的問題有多細微、冷僻，或有些敏感，他總是有問必答，從未讓我空手而回。

從企業版圖的擴張、獲利的成長來看，王品是成功的，但很少人知道，王品曾經有慘痛的失敗經歷：創立九個事業皆失敗，單一事業虧損金額最高達一億六千萬元，可怕的是，這些虧掉的錢，全是借來的。而唯一成功的王品牛排初嘗獲利甜果之後，興致勃勃地展開國際化腳步，遠渡重洋到美國開牛排店，卻又重跌一跤，五年虧損一億多元，鎩羽而歸。

多數人可能創業失敗一、兩次，就不敢再嘗試了，戴勝益卻敢試第三、第四次……直到第十次才成功，有意思的是，剛開始失敗時，他雖然很沮喪，甚至覺得人生沒什麼希望，但後來的失敗卻被他轉化成「再試一次」的動力，也因此他得以越過失敗次數的「天險」，一而再、再而三的失敗，都挫折不了他「再試一次」的企圖心。

訪談中有些故事，也是我第一次發現的，例如，戴勝益給外界的印象一向是幽默親切且沒有距離的，我曾在訪談時，遇到有粉絲主動跟他打招呼並要求合照，他從不拒絕，且配合對方擺出拍照姿勢；我也曾在王品總部看他和主管們如兄弟般互虧、對員工妙語如珠。但訪談過程中，戴勝益卻對我說，十幾年前的他，是個脾氣暴躁的老闆，看到事情不對，馬上發脾氣，開會時下屬回答不出問題就開罵，罵完後，有一半的主管想提出辭呈。

也就是，如今的他，是經過自我改造之後的樣子。他意識到自己必須改變，而且即知即行。他也改得真夠徹底，以至於認識他十幾年的我，從不知道他以前是個脾氣暴躁的老闆。

又如，訪談進行到二〇一四年的十月，發生正義油品事件，戴勝益沒有在第一時間出來回應媒體的詢問，以至於引發後續的紛擾，後來在某一次我們定期的訪談間，我對他直言：從這次事件中，感覺到他有些驕傲……沒想到，他當場就承認自己不夠謙虛！

我終於找到答案！王品的成功，不是王品憲法、龜毛家族等防微杜漸的奇特規約；不是集體決策制度；也不是比同業好的福利……而是戴勝益所帶領的這個組織勇於修正和改變。

大多數人（或企業）無法或不願意改變，戴勝益不但個性可以一百八十度大轉變，正義油品事件發展到後來，他除了對外坦言「給自己打零分」，也著手強化公司的危機處理意識，更進一步停掉媒體的專欄、退出集團內部的會議，以淡化「戴勝益＝王品」的印象，因為他發現自己和王品的聯結度太高，不利於交棒，於是更積極加緊推動交棒，也訂好退休的日期是二〇一八年十二月十日。

訪談過程中所發生的林林總總，剛好讓我看到王品遇事時的「修正力」。這些年來，很多企業強調執行力，但誠如徐重仁董事長的推薦序所言，對企業而言，執行力固然重要，修正力卻是能否永續經營的關鍵因素，很多事情即使成功了，也需要後面的持續修正，成功才能維持。

二〇一五年三月（就在尼泊爾大地震前一個月）我與王品集團的十幾位主管前往聖母峰基地營，這是近五年來王品每年都舉辦的活動之一。我們從二千八百公尺開始上坡、下坡，行行復行行，第八天抵達五千三百多公尺的基地營時，一位主管對我說，如果不是進入王品，他從沒想過自己可以來到這個高度。

我想，他說的高度，還包括職場和人生的高度，以往餐飲從業人員的社會地位相對低，是王品提升了國內餐飲業水準和從業人員的薪資與地位，單憑這一點，我願意舉雙手支持戴勝益。尤其在王品經歷食安風暴、形象受挫後，我們仍決定讓這本書問世，因為戴勝益一路走來的創新、突破和經驗，非常值得分享給如今職場上的年輕人和新創事業者。

凡人皆有缺點，凡企業皆不免會有各種問題，世上沒有完人，也沒有完美企業。失敗和逆境讓人謙虛且願意改變，只要願意改變，假以時日一定會成功；但成功之後，順境又很容易讓人變得驕傲，如果沒有修正，最後還是會走下坡。不管人生或企業，就在無數個大大小小的成功與失敗之間往復著，如果忘記修正，成功的下一步不是更成功，而是失敗；若是懂得時時修正，失敗的下一步必定會是成功。

二〇一五年五月於臺北

附錄

龜毛家族

- 遲到者，每分鐘罰一百元。
- 公司沒有交際費（特殊狀況需事先呈報）。
- 上司不聽耳語，讓耳語文化在公司絕跡。
- 被公司挖角禮聘來的高階同仁（六職等以上），禁止再向其原任公司挖角。
- 王品人應完成「三個三十」：一生登三十座百岳、一生遊三十個國家、一年吃三十家餐廳。
- 中常會和二代菁英每天需步行一萬步。
- 迷信六不：不放生、不印善書、不問神明、不算命、不看座位方向、不擇日。
- 少燒金紙：每次拜拜金紙費用不超過一百元。
- 對外演講每人每月總共不得超出兩場。

＊二〇〇二年十一月十二日首版
＊二〇一三年八月二十日修正

• 演講或座談會等酬勞，當場捐給兒童福利聯盟文教基金會。
• 公務利得之紀念品或禮品，一律歸公，不得私用。
• 可以參加社團，但不得當社團負責人。
• 過年時，不需向上司拜年。
• 上司不得接受下屬為其所辦的慶生活動（上司可以接受的慶生禮是一張卡片、一通電話或當面祝賀）。
• 上司不得接受下屬財物、禮物之贈予（上司結婚時，下屬送的禮金或禮物不得超出一千元）。
• 如屬團體性、慰勞性及例行性且在公開場所之聚餐及使用飲料，上司可以使用，不受贈予規範。
• 上司不得向下屬借貸與邀會。
• 任何人皆不得為政治候選人。
• 上司禁止向下屬推銷某一特定候選人。

- 選舉時，董事長不得去投票。
- 購車總價不超出一五〇萬。
- 不崇尚名貴品牌。
- 不使用仿冒品。
- 辦公室夠用就好，不求豪華派頭。
- 禁止炒作股票，若要投資是可以的，但買進與賣出的時間，需在一年以上。
- 個人盡量避免與公司往來的廠商做私人交易。
- 除非是非常優秀的人才，否則勿推薦給你的下屬任用。
- 除非是非常傑出的廠商，否則勿推薦給你的下屬採用。

王品憲法

＊二〇〇四年六月二十八日首版
＊二〇一三年八月二十日修正

- 任何人均不得接受廠商一百元以上的好處。觸犯此天條者，唯一開除。
- 同仁的親戚禁止進入公司任職。
- 公司不得與同仁的親戚做買賣交易或業務往來。
- 舉債金額不得超出資產的三〇%。
- 公司與董事長均不得對外做背書或保證。
- 不做本業以外的經營與投資。
- 經營成果以每年EPS十元以上為目標。
- 奉行「顧客第一，同仁第二，股東第三」之準則。
- 懲戒時，需依下列四要件，始得判決：A當事人自白書、B當事人親臨中常會、C公開辯論、D不記名投票。
- 同仁的考績，保留一五%給「審核權人」或「裁決權人」做彈性調整。
- 每週五開中常會，集體決策。

王品的修正之路

- 1990 脫離家族，創立ㄅㄧㄅㄧ樂園，引進騎鴕鳥，第一年營業額破億，第二年大賠→後來結束營業
- 1991 創立阿拉丁樂園、呼啦樂園→後來結束營業
- 1992 創立嘟嘟樂園→後來結束營業
- 1993 十月創立吃到飽餐廳全國牛排館→後來結束營業
  十一月在臺中市創立第一家「王品牛排」→後來發展成為臺灣最大餐飲連鎖集團
- 1994 以「中常會」模式，開始集體決策→大小事都共同討論、決定
- 1995 創立外蒙古全羊大餐→後來結束營業，體認到娛樂對餐飲不是加分
- 1996 創立金氏世界紀錄博物館→後來結束營業
- 1997 創立一品肉粽→後於一九九八年轉讓
  邀請「王品之師」到總部演講，學習其身教、言教→目前已累積五百多位王品之師
- 1998 陸續結束非王品的餐飲事業→王品規模逐漸擴大
- 1999 遭遇九二一大地震、臺商外流，王品牛排營業衰退→由下而上提出節流方案，撐過營收及獲利下滑危機
- 2000 金氏世界紀錄博物館結束→戴勝益逐漸放下遊樂園夢想，專注經營王品
- 2001 進軍美國創立 Porterhouse 牛排→堅持獨資，但不熟悉當地市場，後於二〇〇六年轉讓
  成立新品牌西堤牛排→多品牌的第一步，從高價餐飲進入中價餐飲，目前臺灣有四十六家店
- 2002 成立陶板屋→目前有三十四家店
  頒布「龜毛家族」→開始注意企業文化的重要；戴勝益也以身作則，改掉愛用名牌、名車的習性
- 2003 在上海成立王品牛排中國第一家分店→目前中國有五十八家店

2004
- 成立「品牌部」↓致力發展多品牌
- 成立原燒、聚鍋↓目前原燒有二十四家店，聚鍋有三十二家店

2005
- 頒布「王品憲法」↓力行「好的企業文化，可以影響企業二十年壽命」
- 在上海成立西堤牛排↓目前中國有四十六家店

2006
- 成立藝奇、夏慕尼↓目前各有十六家店
- 致力「一年一個新品牌」↓至二〇一四年底，國內外共有十五個品牌

2007
- 成立品田牧場↓目前有三十家店
- 舉辦王品盃托盤大賽↓第一個針對餐飲服務生的全國性競賽，二〇一四年為第八屆，參與人次約七千人

2008
- 成立打椒道麻辣乾鍋↓後來結束營業，學到「走錯路，快點轉彎」

2009
- 成立石二鍋↓目前臺灣有五十一家店

2010
- 成立舒果↓目前有十五家店
- 將陶板屋授權給泰國 Mai Tan 餐飲集團↓二〇一三年、二〇一四年分別將舒果、原燒授權給新加坡莆田和美國 Panda Express 餐飲集團，學到「以減少持股換取遍地開花」

2011
- 曼咖啡成立↓從「餐」跨到「飲」
- 舉辦登聖母峰基地營（EBC）活動↓至二〇一五年已舉辦第五屆

2012
- 王品股票上市↓股價最高曾超過五〇〇元，二〇一五年五月二十一日收盤價為二六六元

2013
- 石二鍋進軍大陸↓前兩年營運不佳，經過一再修正，營收成長六成，目前中國有二十家店
- 成立第四個平價品牌 hot 7↓九個月即獲利，目前有九家店

2014
- 六月成立 ita 義塔↓創下集團最快獲利紀錄，目前有四家店
- 十月遇正義油品食安事件↓實施「二階物料管理制度」，強化食材溯源管理
- 戴勝益公開表示六十五歲要交棒↓開始淡化「戴勝益=王品」印象，加緊推動交棒事宜

*以上店數資料統計至二〇一五年四月三十日止

WIN 系列 008

修正力：戴勝益給年輕人的47個生存法則

作　者—戴勝益／口述　李采洪／採訪整理
文字記錄—葉柏顯
主　編—邱憶伶
責任編輯—陳珮真、俞天鈞
校　對—陳蓉芬、陳珮真
責任企畫—葉蘭芳
美術設計—我我設計工作室
董事長
總經理—趙政岷
總編輯—李采洪
出版者—時報文化出版企業股份有限公司
一〇八〇三臺北市和平西路三段二四〇號三樓
發行專線—（〇二）二三〇六六八四二
讀者服務專線—〇八〇〇二三一七〇五
（〇二）二三〇四七一〇三
讀者服務傳真—（〇二）二三〇四六八五八
郵撥—一九三四四七二四　時報文化出版公司
信箱—臺北郵政七九～九九信箱
時報悅讀網—http://www.readingtimes.com.tw
電子郵件信箱—newstudy@readingtimes.com.tw
時報出版愛讀者粉絲團—http://www.facebook.com/readingtimes.2
法律顧問—理律法律事務所　陳長文律師、李念祖律師
印　刷—盈昌印刷有限公司
初版一刷—二〇一五年五月二十九日
初版三刷—二〇一五年七月六日
定　價—新臺幣三〇〇元
⊙行政院新聞局局版北市業字第八〇號

國家圖書館出版品預行編目(CIP)資料

修正力：戴勝益給年輕人的47個生存法則
/ 戴勝益 口述；李采洪 採訪整理. -- 初版.
-- 臺北市：時報文化, 2015.05
面；　公分. --（Win系列；8）
ISBN 978-957-13-6157-4（平裝）

1.王品集團 2.企業經營 3.職場成功法

494　　103025602

ISBN 978-957-13-6157-4
Printed in Taiwan

＊本書作者版稅全數捐贈「兒童福利聯盟文教基金會」